国家出版基金项目
NATIONAL PUBLICATION FOUNDATION

现代制导火箭设计技术与工程

现代制导火箭火控系统设计与工程

王建国 张朝辉 等 著

U0195208

西北工业大学出版社

西安

【内容简介】 本书是为火箭火控相关专业编写的教材,全面系统地介绍了现代制导火箭火控系统的设计方法。

本书分为 9 章。第 1 章概述性介绍了广义火控系统与现代制导火箭火控系统的主要功能、工作原理等,使读者对火控系统有基本的了解,为火控系统设计打下基础;第 2 章从系统组成、技术方案设计、结构设计、软件设计和接口设计等几方面介绍了现代制导火箭火控系统的总体设计方法;第 3~7 章介绍了远程制导火箭火控系统的详细设计方法,包括硬件设计、软件设计、六性设计、人机功效设计、设计计算与分析等内容;第 8 章介绍了现代制导火箭模拟训练器系统设计方法;第 9 章讲述了现代制导火箭火控系统的工程实践应用,介绍了火控系统各项功能的具体实现、火控系统流程及火指控一体化流程。

本书可作为高等学校本科高年级学生或研究生学习制导火箭火控系统设计的教材参考书,也可作为相关专业工程技术人员和部队相关人员的参考书。

图书在版编目(CIP)数据

现代制导火箭火控系统设计与工程 / 王建国等著
. — 西安 : 西北工业大学出版社,2023.1
ISBN 978 - 7 - 5612 - 8397 - 4

Ⅰ.①现… Ⅱ.①王… Ⅲ.①制导-火箭-火控系统-系统设计 Ⅳ.①V448.13

中国国家版本馆 CIP 数据核字(2023)第 031992 号

XIANDAI ZHIDAO HUOJIAN HUOKONG XITONG SHEJI YU GONGCHENG
现 代 制 导 火 箭 火 控 系 统 设 计 与 工 程
王建国 张朝辉 等著

责任编辑:孙 倩		策划编辑:杨 军	
责任校对:朱辰浩		装帧设计:李 飞	

出版发行:西北工业大学出版社
通信地址:西安市友谊西路 127 号 邮编:710072
电 话:(029)88491757,88493844
网 址:www.nwpup.com
印 刷 者:西安五星印刷有限公司
开 本:710 mm×1 000 mm 1/16
印 张:18.25
字 数:340 千字
版 次:2023 年 1 月第 1 版 2023 年 1 月第 1 次印刷
书 号:ISBN 978 - 7 - 5612 - 8397 - 4
定 价:98.00 元

如有印装问题请与出版社联系调换

《现代制导火箭设计技术与工程》
编 撰 委 员 会

主　　　编：韩珺礼

副　主　编：杨　军　王文平

编委会主任：张朝宏

成　　　员：（按照姓氏笔画排序）

　　　　　　王文平　王建国　王惠方　刘生海　杜红英

　　　　　　李照勇　杨　军　陈少松　栗金平　韩珺礼

学术委员会主任：杨树兴

副　　主　　任：樊会涛

成　　　员：（按照姓氏笔画排序）

　　　　　　上官垠黎　马春茂　刘生海　刘明喜

　　　　　　汤祁忠　　杨　军　何　勇　沈晓军

　　　　　　张治民　　陈　雄　周建平　胡光宇

　　　　　　莫　波　　蒋建伟　韩珺礼　鲍福廷

　　　　　　樊水康

前　言

　　近年来,火箭武器由大面积压制向精确制导转化,在陆军压制武器中占有重要地位。与之对应,火控技术也向智能化、网络化和信息化方向迅猛发展。智能化弹药要求火控系统通过数据采集或从指挥系统获取大量飞行相关的参数信息,并向弹上装定。传统火控系统架构无法满足信息交换需求,促使火控系统向总线体系架构转化。

　　我国制导火箭事业发展需要培养精通制导火箭火控系统设计方法的人才。主流火控领域相关教材大多着重于介绍火控系统的基本概念和原理,知识广度宽,但专业领域深度缺乏。当前市场需要一本让读者在已有火控基础知识之上能够进一步深入学习现代火箭火控系统的书。与此同时,高等学校火控系统专业学生注重理论知识培养,缺乏工程应用相关知识与经验,毕业进入相关设计岗位后还需经过较长时间的工程实践学习才能够完全上手工作。为此,笔者决定编写本书。本书立足于指导火控系统开发人员工程实践,内容纵向延伸,由火控系统总体设计到具体软硬件设计再到性能设计,展现给读者现代火箭火控系统设计的具体过程与方法。本书不仅能够作为高等学校火控相关专业深入学习现代火箭火控系统设计的辅助教材,还能作为科研单位对相关专业人员的培训材料。

　　本书共分为 9 章。第 1 章为火控系统概述,介绍火控系统基本概念、基本组成、典型火控系统和火控系统发展方向,并着重介绍现代制导火箭火控系统的体系架构与功能性能。第 2 章从现代制导火控系统的组成、主要技术方案、结构设计、软件总体设计和接口设计等几方面介绍火控系统的总体设计方法。第3章为现代制导火箭火控系统具体硬件设计方法,先介绍硬件总体设计方法,然后具体介绍火控系统的几个主要组成部分,包括发射控制系统、人机交互系统、火箭炮控制系统、惯性定位定向导航装置、北斗差分一体机、智能配电箱等的具体硬件设计方法。第4章为现代制导火控系统软件设计,先从软件总体设计介绍软件设计一般方法,然后以两个典型软件配置项为例介绍软件设计具体方法,最后介绍带人机交互界面的软件设计方法。第5章为现代制导火箭火控系统六性设计,对现代制导火箭火控系统研制过程中的可靠性、安全性、维修性、测试性、保障性、环境适应性等"六性"进行设计与分析,并结合现代制导火箭的任务和产品特性提出主要设计措施。第6章为现代制导火箭火控系统人机交互设计,从人机交互总体设计、人机交互界面设计、人机环保障设计和人机环安全性设计等几方面介绍火控系统中人机交互设计准则与设计方法。第7章为现代制导火箭火控系统设计计算分析,介绍火控系统火力反应时间、自动操瞄调炮模型、自动调炮时间及精度分析、工作剖面耗电平衡、定位定向精度分析等火控系统性能指标计算方法。第8章为现代制导火箭模拟训练系统,以一个具体的模拟训练系统为例介绍现代制导火箭模拟训练系统的组成及设计方法,并对主要功能和训练流程的设计进行重点介绍,最后详细描述模拟训练器的具体操作流程步骤。第9章为现代制导火箭火控系统工程实践,从火控系统基本操作、发射流程和火指控一体化流程等方面介绍火控系统的具体实践应用方法。

本书由王建国、张朝辉等编著。本书第1章由王建国撰写,第2章由王建国、张朝辉撰写,第3章由王建国、刘佳撰写,第4章由张朝辉、王佳丽撰写,第5章由张朝辉、张鹏飞撰写,第6章由刘佳、董智明撰写,第7章由王建国、董智明撰写,第8章由王佳丽、刘佳撰写,第9章由张朝辉、张鹏飞、董智明撰写。全书由王建国负责统稿,兵器集团首席专家樊水康研究员负责审稿。

在编写本书过程中,笔者参考了大量参考资料,在此对这些作者表示感谢。

由于学识水平和经验有限,加之时间仓促,书中难免存在不足之处,恳请读者批评指正。

编著者

2021 年 7 月

目　录

第 1 章

火控系统概论

1.1　火控系统的概念

1.火力控制

火力控制是指控制武器自动或半自动地实施瞄准与发射的全过程。

深入地讲,火控包括:为瞄准目标而实施的搜索、识别、跟踪目标;为命中目标而进行的依据目标状态测量值、弹道方程(或射表)、目标运动假定、实际弹道条件、武器运载体运动方程计算射击诸元;以射击诸元控制武器随动系统驱动武器线趋近射击线,并依据射击决策自动或半自动地执行射击程序。其目的是控制武器发射弹药,击中所选择的目标。

2.瞄准矢量

瞄准矢量是指以观测器材回转中心为始点,目标中心为终点的矢量。瞄准矢量常用球坐标 D , β , ε 表示,其中 D , β , ε 分别表示目标现在点的斜距离、方位角、高低角。

瞄准线是指以观测器材回转中心为始点,通过目标中心的射线。

跟踪线是指以观测器材回转中心为始点,通过观测器材中某一基准点的射线。

武器线是指以武器身管或发射架回转中心为始点,沿膛内或发射架上弹头运动方向所构成的射线。

3.射击线

射击线是指为保证弹头命中目标,在武器发射瞬间,武器线所必需的指向。现在点是指将目标视为一个点,在弹头每次发射瞬间,目标所处的空间点。未来点又称命中点,是指目标与弹头(视为一点)相碰撞的空间点。需要在这里强调,命中点肯定是未来点中的一个,但不是所有的未来点都是命中点。

4.射击诸元

射击诸元指的是能将战斗部送抵目标区域所相应的武器身管或发射轨迹的方位角与高低角,即射击线在大地坐标系中的方位角 β_g 和射角 φ_g。

弹道的弯曲、气象条件影响、目标的运动和武器载体的运动,致使瞄准矢量与射击线不一致。射击线相对瞄准矢量的夹角定义为空间提前角。空间提前角一般分解为方位提前角和高低提前角。提前角取决于弹头的外弹道特性与目标和武器载体的运动状态。瞄准矢量、射击线与提前角间的相互关系如图 1-1 所示。

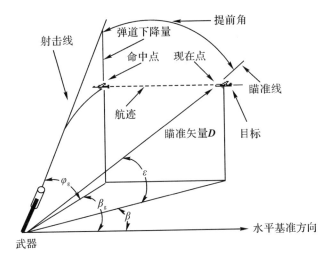

图 1-1　瞄准矢量、射击线与提前角相互关系图

应当指出,在跟踪目标过程中,跟踪线总是趋近于瞄准线,二者存在的偏差称为跟踪误差,它分为方位及高低跟踪误差。未来点是相对现在点而言的,在火控问题有解范围内,二者是一一对应的。武器线与射击线一般是不重合的,存在偏差,称为射击诸元误差。只有当射击诸元误差小于希望值时,才允许射击。

火控系统是能够组合与协同从而实现火力控制的全过程的设备总和。它是武器系统的重要组成部分,简称火控。火控系统能够提高非制导武器系统的瞄准速度和射击精度,从而提升武器装备毁伤性能。对于制导武器,武器战斗部发射出膛后分为两个阶段:主动飞行段和制导飞行段。其中,主动飞行段指战斗部发射离开炮身后初始运动阶段,这一阶段炮弹导航机构未完全启动,炮弹飞行方向由炮弹出膛方向决定,火控系统主要控制这一阶段炮车姿态从而控制炮弹主动飞行段轨迹。制导飞行段指炮弹导航机构完全启动后,由导航机构控制炮弹飞行轨迹的阶段,火控系统通过在发射前向炮弹传递参数帮助炮弹导航系统迅速进入工作状态。

|1.2 基 本 组 成|

目前,世界上各国的火力控制系统种类繁多,广泛应用于陆、海、空三军,也用于战略导弹部队。其形式与组成多种多样,但是归纳起来,火控系统主要由三部分组成,如图 1-2 所示。

图 1-2 火力控制系统组成

现代化的火控系统还需要操作显控台、导航系统、姿态测量系统、弹道气象测量系统为火控计算机提供各类信息,因此现代火控系统一般都可以划分为 5 个子系统,如图 1-3 所示。

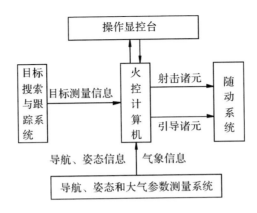

图 1-3　现代火力控制系统组成框图

1.2.1　目标搜索与跟踪系统

目标搜索与跟踪系统包括目标搜索和跟踪传感器,其任务是测量目标的斜距离、方位角、高低角或其各阶变换率,目标的速度、航向或矩变率和横移率,并将这些数据送至火力控制计算机。

1.目标搜索

目标搜索系统的主要工作流程为目标搜索、目标图像识别和目标引导。

搜索目标的作用是使武器系统尽早发现敌目标,以免贻误战机。因此,要求搜索系统的视场要大、作用距离要远。以前,采用人工进行目标搜索。现代,随着科学技术的发展,采用雷达进行搜索目标。雷达是英文 Radar 的音译,源于 Radio Detection and Ranging 的首字母缩写,翻译为"无线电探测和测距",即用无线电的方法发现目标并测定它们的空间位置。因此雷达也可称为"无线电定位"。随着雷达技术的发展,雷达的任务不仅是测量目标的距离、方位和仰角,而且还可测量目标的速度,以及从目标回波中获取更多的有关目标的信息。

2.图像识别

由于战场内可能同时存在敌我双方,在搜索到目标后,需要识别目标为敌方目标还是我方目标,并且需要进一步识别目标类型,以确定该武器系统是否能够实施打击。雷达采集的搜索目标信息通过计算机进行图像识别,获取目标特征信息,从而确定目标敌我情况和目标类型。

3.目标跟踪

对目标类型的大数据分析,确定目标的威胁度,根据威胁度确定优先打击目标,并上报给引导系统,引导系统再将目标坐标传递给跟踪系统,进一步实施目标跟踪。

1.2.2 导航制导系统

导航和姿态参数测量系统可实时测量武器载体的地理位置、速度、加速度信号和载体的姿态参数。当前火控系统中导航制导系统主要包括惯性定位定向导航装置与卫星定位系统。

1.惯性定位定向导航系统

惯性定位定向导航系统是一种不依赖于外部信息,也不向外部辐射能量的自助式导航系统。惯性导航的基本工作原理是以牛顿力学定律为基础,通过测量载体在惯性参考系的加速度,将它对时间进行积分,且把它变换到导航坐标系中,就能够得到在导航坐标系中的速度、偏航角和位置信息。

2.卫星定位系统

全球定位系统是一种基于人造卫星的高精度定位系统。

全球定位系统由三部分组成:卫星、地面监控部分和用户机部分。卫星向用户连续发送用于导航定位的电文信息,并接收地面监控系统发送的信息以维持正常运转。地面监控主要用于跟踪卫星,对其进行距离测量并且根据测量结果向卫星发送修正参数,从而保持卫星的运行轨道和始终数据的正确性。用户机用于接收北斗发出的定位电文信息和时间数据信息,从而确定自身位置,向用户输出定位信息和时间信息。

当前卫星定位系统主要有四种:美国的全球定位系统(Global Positioning System,GPS)、欧盟的"伽利略"系统、俄罗斯的"格洛纳斯"系统和中国的北斗卫星导航系统。目前火控系统主要通过接收 GPS 与北斗的组合导航信号进行定位定向。

1.2.3　火控计算机

火控计算机的主要任务是接收目标搜索与跟踪装置提供的目标数据(斜距离、方位角、高低角或其各阶变化率),接收导航设备、姿态测量装置和大气测量系统提供的武器载体导航信息、载体姿态信息、运动参数信息和大气的参数;依据操控台的控制自动或半自动的估计目标的运动状态(目标的位置、速度和加速度)信息,进行弹道解算,计算武器的射击诸元、制导弹药控制参数和武器的发射架瞄准角等。

1.2.4　随动系统

随动系统用来接收火控计算机计算的射击诸元,驱动武器身管或发射架;按照射击控制程序,进行击发射击。

火控系统的操作显控台是人机交互的平台,通过操作控制台的按钮、开关、键盘使火控系统各个分系统协调工作,例如使火控计算机完成相应的计算和控制动作。其通过数码管、指示灯、显示器把文字、图像、光和声音等以多媒体手段形象地将交互信息提供给操作人员,操作人员可通过控制台控制武器发射。当系统处于全自动状态时,操作显控台只是用来监控各系统的工作状态,不需要人为干预,直到发出需要人为干预警报时才需要人员操作。此外,操作显控台还可以实现指示故障部位、指导模拟训练等功能。

|1.3　典型火控系统介绍|

1.3.1　压制火控系统

压制武器系统的火控系统主要任务为根据当前坐标、目标坐标、气象条件、药温等进行弹道解算,获取调炮诸元信息,调炮到指定位置,给火箭弹执行上电、参数装定、点火等操作。压制武器火控系统主要由火控计算机、操控显示台、定位定向导航系统、随动系统及传感器设备等构成,组成原理如图 1 - 4 所示。

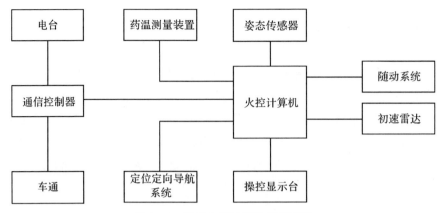

图 1-4　压制火控系统组成原理图

火控计算机为火控系统信息交互核心,在执行火控系统作战任务时,作战任务指令、控制数据、传感器数据等均以火控计算机为中心进行信息交互。电台、通信控制器和车通(车载通信设备)主要负责指挥报文的接收发送,可以接收上级下达的目标坐标等信息用于发射。药温测量装置、初速雷达等为火控系统传感器系统,用于采集数据信息用于弹道解算。定位定向导航系统能够采集炮车当前坐标、姿态等信息,用于弹道解算和行军导航。操控显示台为火控系统的人机交互设备,能够输入发射必需的参数信息,并且监控显示火箭弹发射的各步骤返回结果。

1.3.2　坦克装甲火控系统

现代战争对坦克装甲火控系统的基本要求有以下几方面:

(1)能全天候地快速搜索与识别目标;

(2)能有效地采集目标的各种参数,并能实时对目标实施精密的跟踪与瞄准;

(3)系统反应时间(或系统的射击准备时间)要短;

(4)要求坦克在行进中或短停间具有对运动目标的射击能力;

(5)要求达到较高的首发命中率;

(6)要求具有选择不同工作方式的能力;

(7)具有野战适应能力,可靠性高,并且操作简便、维护容易;

(8)具有故障自检能力。

因此常见的现代坦克装甲火控系统框图如图 1-5 所示。

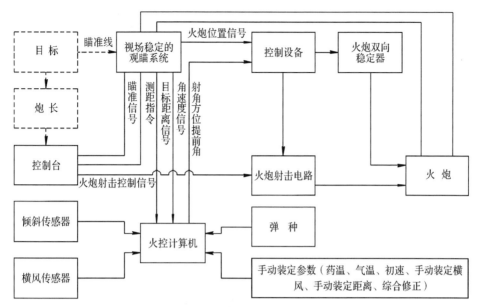

图1-5 坦克装甲火控系统方框图

1.目标观瞄系统

目标观瞄系统通常由激光测距仪、视场稳定的瞄准镜和目标运动参数传感器等组成,用以搜索、跟踪和瞄准目标,并为系统提供目标距离和运动参数等信息。在目标观瞄系统中存在一条重要的光学轴线,即瞄准线,它是以瞄准镜物镜节点为起点,通过分划板瞄准目标的射线。在搜索和跟踪目标时,瞄准线与火炮轴线处于同轴控制的状态,而当系统射击时,瞄准线与火炮轴线(武器线)在高低和方向上均有一个按射击诸元装定的角度差及提前量。

2.火控计算机

火控计算机是火控系统的核心部件。现代坦克装甲火控系统均选用数字式计算机,并且应该具有以下功能。

(1)火控计算机能根据不同的弹种,自动求解弹道方程,确定火炮在高低向的瞄准角。这是火控计算机的首要任务。这也是有些专著和教材将火控计算机称为弹道计算机的原因。

(2)火控计算机能根据目标距离和运动信息,按照目标运动假定,解算弹丸与运动目标相遇的命中问题,求出火炮在高低向和方向上的射角提前量。

（3）火控计算机能自动采集对射击有影响的各种弹道和环境参数或人工输入的各类修正量，并综合计算出火炮在高低向和方向上应有的修正量，再将这些修正量按一定的算法附加到已算出的高低角和方向角上，得到火炮最后的高低角和方向角。

（4）火控计算机能控制一定的系统，以某种方式自动地装定高低角和方向角，然后指示炮手进行正确的瞄准、射击。

（5）火控计算机不仅对计算机本身，而且对整个火控系统都具有自检能力。

3.修正量传感器

修正量传感器是给现代坦克装甲火控解算提供计算数据必不可少的设备。常见的修正量传感器有横风传感器、火炮耳轴倾斜传感器、气温传感器、气压传感器、药温传感器、炮膛磨损传感器和炮口偏移传感器等，这些数量众多、各种各样的传感器是现代火控系统自动化、智能化的重要标志。这些传感器可以实时地为火控计算机提供火控解算所必需的各种数据（各类参数的当前值或与标准状态的偏移值），一旦各参数偏离了建立弹道方程的标准值，计算机可以实时地计算出相应的修正量予以补偿，以保证射击的准确性。有些火控系统为了简化设计、减小成本，常将一部分弹道、环境参数（例如，气压、气温、药温等）的传感器取消，改为人工装定，并以数字量的形式直接输入计算机。

4.火炮控制系统

火炮控制系统（简称炮控系统）是火控系统的重要组成部分，火控系统的许多重要战术技术性能均是依赖它来实现的。

当前，各主战坦克都安装了火炮稳定系统，这种炮控系统除了在一定的精度范围内稳定火炮外，还应具有良好的控制性能，以便炮手和火控计算机能对它实施高质量的控制。

就坦克火炮稳定系统的系统结构而言，坦克炮控系统可以分为两类。

第一类火炮稳定系统，即常见的双向稳定系统，主要由高低向和水平向上的角度陀螺仪输出误差信号，可在两个方向上稳定火炮。这种系统的特点是瞄准线从动于火炮轴线，坦克在行进时，它虽然可稳定和控制火炮，但瞄准线的稳定精度与火炮相同，无法实现精密跟踪与瞄准，坦克只能作短停射击。

第二类火炮稳定系统，是瞄准线独立稳定的火炮稳定系统。其最大特点是具有两套稳定系统，一套是稳定瞄准线，另一套同第一类用于稳定火炮轴线，而且是火炮轴线随动于瞄准线。这种方案上的改进，使整个火控系统的综合精度大为提高，可以实现行进间对运动目标的射击。

就炮控系统的技术改进而言,当前有两个比较主流的技术途径。其一是采取复合控制技术,即在稳定系统的基础上增加前馈控制陀螺,可有效地提高稳定精度。其二是采用计算机控制技术将系统改造成数字式炮控系统,它除了可提高稳定精度外,还可明显地提高系统的综合性能,使火控与炮控之间的技术性能更加协调统一,这已成为当前各国火控系统数字化改造的重要方面之一。

5.操纵控制系统

该系统是坦克乘员(车长、炮长和瞄准手)对整个武器系统的火控系统进行人机交互的系统,一般由显控终端、键盘、手柄等组成。操纵控制系统除了可以对火炮或瞄准线进行操纵外,还可以由坦克乘员根据具体使用情况选定不同的工作方式,通常包括战斗工作方式、自检工作方式、校炮工作方式、模拟训练工作方式等。每一种工作方式,又可根据不同的情况,设置不同的初始工作状态。

1.4　火控系统发展方向

从冷兵器时代开始,人类的投石器、火箭已经形成简易的火控系统。随着计算机和电子技术的发展,火控系统由目测瞄准改为光学瞄准装备,由人工计算发展为计算机进行弹道计算,瞄准方式由手动控制变化为电子控制液压驱动。火控系统不断向自动化、信息化方向发展。

未来的战争是以数字化武器装备的部队实施信息化战争。火控技术的发展必须适应这种新的作战模式,以取得信息化战争的胜利。在这种新作战模式下,火控也要向综合化、信息化、智能化、泛平台一体化、通用化与模块化发展。

1.4.1　综合化

火控技术综合化的内涵非常丰富。首先,武器系统中的各种控制系统——火控系统、制导系统、导航系统、通信系统和车辆管理系统,将统一为武器综合控制系统。各个武器的综合控制系统又作为各级综合电子信息系统的终端,被纳入全战区统一指挥、协同作战的作战体系中,以实现“分散、隐蔽的配置,统一、集中的指挥,机动、快速的反应,突然、准确的打击”这一战术技术要求。

为实现上述要求,传统的、以单项控制任务为中心的总体技术,如火控总体技术、指控总体技术、制导总体技术等,已不能适应这些新要求。现在需要的是集现代电子、光学、控制、计算、通信与信息技术成果于一体的综合控制总体技术。综合电子信息技术必须优先得到发展。

再就武器控制而言,已从控制单个武器或多个相同武器对同一目标、用相同诸元实施射击,发展为控制不同类型的众多武器有计划地对多个目标、用不同诸元实施射击。这种射击技术正在趋向成熟,例如对空防御,现代的空中目标有高速的导弹、高机动的飞机、随遇悬停的直升机甚至还有空降兵,而防空武器除高炮、防空导弹,还有飞机。

为了充分发挥武器效能,全局性的技术如防空反导总体技术、区域防空综合电子信息系统总体技术均有待提高;而局部性的技术如炮射导弹控制技术、炮挂导弹火控技术、利用导航改善射击条件的技术也亟须发展;此外,除常规的集火射击外,拦阻射击、分布式射击、饱和射击、同时起爆射击等新的射击体制也有待提高。

现代科技的发展非常迅猛,将最新科技成果尽早地引入武器系统和作战指挥中,是促进综合化的重要举措。

1.4.2 信息化

用综合电子信息系统将所有武器系统(作战平台)连接成为一体的作战体系能够正常运转,其基础是有先进的通信与信息技术。计算机软、硬件突飞猛进的发展为其提供了条件。当代的信息处理都是在数字计算机或数字计算机网络上进行的。因此,建模理论是必需的。没有数学模型,计算机及其网络将无所作为。有关火控、指控的方案论证、系统设计、控制与管理,如欲取得进展与开拓,首先必须建立先进的模型。当然,信息的录取与传递亦是重要问题,但这主要是设备的选取问题,而信息的利用却必须从建模开始。多台站、多频谱的信息融合技术是取得全面、可靠信息的关键技术,当属优先发展之列。

为保持继承性与充分利用前人的先进经验与技术,建立开放式的火控、指控程序库也是必要的。除研制先进的信息化系统之外,为使现有装备纳入综合电子信息系统之中,对现有装备进行信息化改造也是十分必要的。

1.4.3 智能化

随着基础科学的发展,智能化成为火控系统发展的方向。火控系统智能化主要包括无人化、智能化人机交互、智能化辅助决策和智能化检测维修等方面。

1.无人化

未来战争将在海、陆、空、天、网等五大作战领域全面展开,各作战领域深度融合。无人化作战力量作为未来战场上的生力军,将具备全天候不间断侦察、信息处理、遂行打击等多种能力,全面支持跨域协同作战。无人化火控系统能够广泛部署于高寒、深海、高海拔、沙漠、海岸、边防等环境恶劣、不适合人类长期驻守的边关要塞、重要航道、重大基础设施附近,从而保护设施安全,防止敌人入侵。为了适应无人化需求,火控系统需要实现实时监控与智能预警、全自动目标捕获、基于机器学习的智能任务规划技术、实时可靠的网络传输技术、自动化火力打击技术等。

2.智能化人机交互

采用智能语音交互、手势识别、眼动识别等智能化人机交互输入手段,提高人机交互效率,方便用户在不同作战环境下优先选择适合的交互方式。采用人脸识别、生理特征识别等身份鉴定方法,提升火控系统安全防护等级。

3.智能化辅助决策

当武器装备单兵作战时,火控系统需要同时肩负单兵指挥控制功能,通过数据网接收战场大数据从而进行数据挖掘、分析判断、自主融合,根据数据信息内容进行智能化决策、计划、协调,针对不同的作战方向、作战对象、作战任务自动制订完善作战方案。

4.智能化检测维修

火控系统中加载智能化故障诊断系统,能够实现故障的自动采集,通过智能化信息分析、决策,进行故障定位,并进行智能预警,从而减少故障检测人员参与,提高故障诊断的准确率和效率。

1.4.4　泛平台一体化

我国目前装备武器系统众多,为满足部队机动化要求,使得同一部队可以利用最简单的武器平台发射最全面的武器装备,以实现不同的毁伤效能。统一平台发射不同武器装备还能够精简部队装备类型,减轻战士学习适应不同武器装备的负担,降低国家军队配置开销。目前我国已经实现了部分火箭弹的多弹种共架发射技术,更广泛的一体化发射平台要求制定行业认可的统一信息系统技术标准及接口标准。

1.4.5　通用化与模块化

火控系统的通用化与模块化包含两方面的内容：一方面是指系统的信息流程（软件）的通用化，另一方面指物理结构（硬件）在规范化与标准化下的分块化。有了这些规范与标准的模块系列，可以根据战术技术要求将模块重组，构成满足不同需求的火控系统。

模块化技术的实现，为增补新的模块以改善系统性能提供了可能。以这种技术研制的所谓"开放式系统"为加快研制周期、降低研制经费奠定了技术基础。

为了实现火控系统的通用化与模块化，软件方面要制定合理的行业标准，硬件方面需要形成开放式总线架构和现场可更换单元的设计理念，在此基础上进一步进行基础研发，提高通用化火控系统综合处理单元模块板卡集成程度。

|1.5　现代制导火箭火控系统|

1.5.1　使命任务

现代制导火箭武器主要担负远纵深、面目标的梯次精确压制和远纵深、单/多点目标的精确火力打击的作战任务，应具有点、面结合的综合火力打击能力，满足未来信息化战争条件下联合作战的信息化炮兵压制武器装备。

现代制导火箭武器主要编配于陆军炮兵旅和海防旅，用于远距离攻击敌重兵集团、指挥控制中心、通信枢纽、前方机场、交通枢纽、各类火器阵地，完成岛屿封控、航道封锁、远程卡口、拔点等作战任务；武器系统主要性能指标实现跨代跃升，实现火箭炮由大面积火力压制向精确火力打击的转变，形成陆军"第四代火力打击体系"的骨干装备，打造未来信息化战争条件下联合作战的信息化炮兵压制武器装备，具备远程精确打击、快速反应、一体化侦指打评、高效毁伤的作战能力；能够遂行多种火力任务，发射精确制导火箭弹，对敌远纵深、面目标进行深层次火力压制和对敌远纵深、点目标实施精确火力打击；满足部队在现代战争中对武器装备精确打击和信息化作战的需求。

1.5.2　系统体系架构

主流现代制导火箭武器火控系统体系架构分为两类：一类为控制器局域网（Controller Area Network，CAN）总线体系架构，另一类为以太网＋CAN 总线体系架构。

1.CAN 总线体系架构

基于 CAN 总线的分布式火控系统中，各单体部件可独立完成规定的控制功能，主要单体直接通过 CAN 总线进行信息、指令和数据的快速交互；并通过各独立单体的功能实现和 CAN 总线的连接，能够满足火控系统对火箭炮和火箭弹的控制、计算和通信的要求。火控系统体系架构图如图 1－6 所示。

火控计算机主要完成自动用炮收炮、随动调炮和操瞄调炮的控制以及车体姿态和药温的采集；地面发射控制系统完成火箭弹的对接检测、点火回路阻值测量、设备检测、弹种识别和参数装定、星历装定、动态传递对准的数据传输以及火箭弹的发射控制，并根据射击区信号控制点火隔离装置接通和断开点火线路，提高发射的安全性；弹上仪器仿真仪具有简控、制导火箭弹的通信模拟功能，实现对地面发射控制系统发射控制流程的检测和火箭弹的控制以及弹上供电电压、点火电流的采集检测，确保发射流程和控制信号的正确性；车载北斗一体机和惯性定位定向导航装置实现组合定位导航和自主定向，并为火箭弹提供初始星历、北斗对时和实时动态对准数据；超短波电台和通信网络控制设备实现与指挥系统的有线、无线数传和话传通信，炮长负责超短波电台和通信控制器的设置和操作，车内通话器实现车内三个操作手和司机之间的通话。

火控系统设置 3 个操作显示终端，其中炮长显示器是炮长的操作终端，负责指挥报文的存储、编辑和处理，具有电子地图导航、火箭炮状态监控、火箭弹装定监测和车内启动发射工况功能，并具有 CAN 总线数据记录和解析功能；火控操作显示台是火控操作手的操作终端，完成火箭炮自动用炮收炮、随动调炮、操瞄调炮、弹道解算和惯导寻北定位等操作；地面操作显示台是发控操作手的操作终端，完成火箭弹的检测、参数装定操作和状态显示，发控操作手同时负责车外发射的操作。火控配电箱实现对火控电源系统的监控和保护以及各单体电源的分配和管理等功能，由火控操作手进行操作。

2.以太网＋CAN 总线体系架构

以太网＋CAN 总线体系架构通过以太网实现任务信息分发、火箭炮调炮控制和火箭弹发射控制,局部通过 CAN 总线进行信息采集和控制。其中,火箭炮控制箱、发射控制箱、车载惯导装置、智能配电箱、数据转发器和通信控制器通过千兆以太网进行信息交互;火控系统采用成熟的以太网传输机制提高信息传输速率,最高可达 1 000 Mb/s,能够满足向火箭弹装定大数据量信息的需求;同时,利用以太网数据分发技术减少信息转发环节,提高信息共享程度和传输可靠性。该体系架构通过一条 CAN 总线采集安全联锁箱、高低/方位传感器、半自动操纵台等设备状态信息,与火箭炮控制箱任务服务模块相连;通过另一条CAN 总线连接车载惯导装置、发射控制箱和数据转发器,实时传输传递对准数据,确保数据传输可靠、稳定。

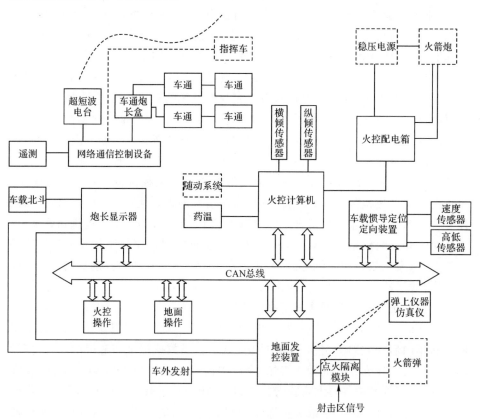

图 1-6 火控系统体系架构图

火箭炮控制箱的任务服务模块通过 DP 接口与炮长操控台、操控台 1 和操控台 2 相连,实现三成员人机交互界面显示功能;加固摄像头和任务服务模块之间通过视频线连接,实时提供自动调炮影像信息;炮车控制模块通过 I/O 口与安全联锁箱和智能配电箱相连,完成火箭炮自动/半自动用炮、收炮和自动操瞄调炮等实时性、安全性要求高的控制。火控系统车内网络/总线架构如图1-7所示。

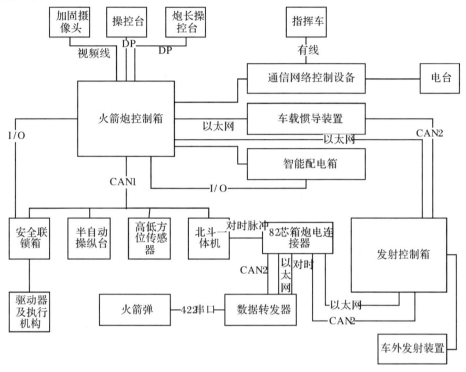

图1-7 火控系统总线体系架构图

1.5.3 软件体系架构

系统软件采用分层的体系结构,自底向上可分为系统层、驱动层、基础应用层和业务应用层,系统的软件体系架构如图1-8所示。

系统层主要由一些系统软件和核心服务组成,包括操作系统 Windows XP、DOS 6.22 及嵌入式 DSP/ARM/C51 等专用环境。

驱动层主要实现相关硬件接口的底层驱动功能,为其上层提供服务,提供一定的硬件兼容性支持。驱动层主要由专用硬件驱动与 CAN 驱动组成。

基础应用层主要为业务应用层提供基本通用的软件功能,主要包括标绘工具支持包、军用地理坐标转换包、地理信息系统、图形开发支撑环境、火控辅助支持包及双 CAN 通信支持包。

业务应用层主要实现系统的具体作战应用功能,主要包括火控操作显示台、火控计算机、炮长显示器、地面发控装置、惯性导航装置及车载北斗一体机等设备的应用实现。业务层应用软件的协同工作,可以完成整个火控系统的弹道解算、调炮控制、发射控制、定位定向导航、指挥通信和人机交互等软件功能。

火控系统软件是一个分布式架构,各软件之间的静态连接关系图如图 1-9 所示,主要部件通过 CAN 总线进行相互之间的信息交互;炮长显示器软件与通信控制器软件通过以太网口进行信息交互;地面发控装置软件与弹上仪器仿真仪软件通过专用数据口和 RS422 口进行信息交互。

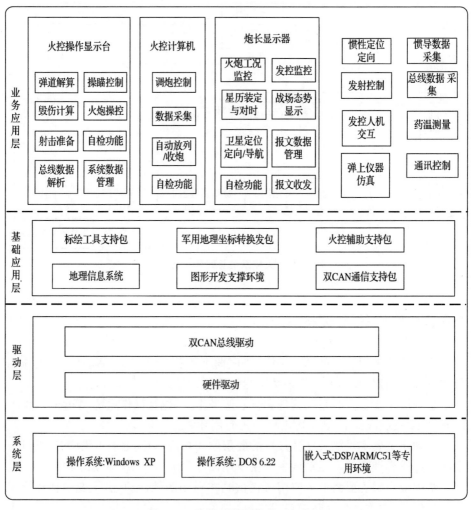

图 1-8　火控系统软件体系架构图

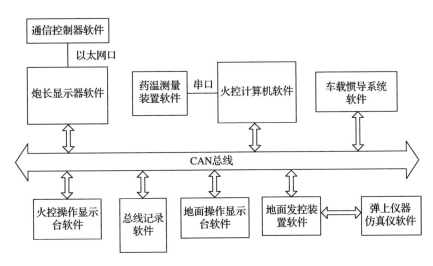

图 1-9　火控系统软件信息交互关系图

系统软件按实现功能定义设置软件配置项。软件配置项的主要功能、编程语言、运行环境见表 1-1。

表 1-1　火控系统软件配置表

软件名称	主要功能	编程语言	运行环境
火控计算机软件	实现自动调炮、收放列控制,采集车体姿态、炮车收放列状态	C	硬件:PC104。频率:500 MHz。内存:256 MB。操作系统:DOS 6.22
火控操作显示台软件	火炮操作控制和状态显示,弹道解算、毁伤计算及系统数据处理	C++	硬件:Atom,1.66 GHz,双核。内存:1 GB。操作系统:Windows XP
地面发控装置软件	实现各弹种火箭弹检测、飞行参数装定及执行发射点火控制	C	硬件:PC104。频率:500 MHz。内存:256 MB。操作系统:DOS6.22
地面操作显示台软件	实现火箭弹检测、装定、发射操作和状态显示	C++	硬件:Atom,1.66 GHz,双核。内存:1 GB。操作系统:Windows XP
炮长显示器软件	指挥报文接收处理、火炮状态监测、地图导航、星历数据接收转发	C++	硬件:Atom,1.66 GHz,双核。内存:1 GB。操作系统:Windows XP

续表

软件名称	主要功能	编程语言	运行环境
星历装定与对时软件	获取北斗、GPS卫星定位位置、时间及星历	C	硬件：MS320C6000,200 MHz。内存：256 KB。外存：2 MB。操作系统：无
车载星历信号接口软件	实现卫星信号接口处理	Verilog	硬件：FPGA。操作系统：无
车载惯性导航计算机软件	实现主惯导自检、通信、误差补偿、寻北解算与导航解算等功能	C	硬件：MS320C6711DGDPA-167,167 MHz,4MBFLASH,2MBRAM。操作系统：无
车载惯性导航数据采集控制软件	实现对惯性器件、温度传感器的数据采集与传输	Verilog	硬件：FPGA。操作系统：无
总线数据解析软件	对CAN总线数据解析和查询及数据导出	C++	硬件：Atom,1.66 GHz,双核。内存：1 GB。操作系统：Windows XP
药温测量装置软件	实时测量药温并自动发送数据		
总线记录模块软件	记录火控系统总线通信数据		
通信控制器主控软件	通信信道控制及有线通信		
电台主控软件	实现无线通信方式		
车载北斗一体机软件	实现短报文及卫星信号处理		

火控系统内炮长操控台、操控台1、操控台2和任务服务模块之间采用客户端/服务器模式,炮长操控台和操控台1、操控台2为客户端,火箭炮控制箱任务服务模块为服务器。

系统软件根据功能划分为表示层、服务层、支撑层和通信层四层体系架构,其中,表示层用于人机交互界面的显示和交互,服务层用于完成具体业务逻辑,支撑层主要完成协议的编解码,通信层用于软件之间的信息交互。客户端软件包含表示层、支撑层和通信层,服务器端软件包含服务层、支撑层和通信层。客户端包含终端软件、报文编解码软件和通信软件,服务器端包含任务服务框架软件、报文编解码软件、通信软件、弹道解算软件、数据管理软件、嵌入式故障诊断软件和嵌入式训练软件。客户端和服务器端软件以软件构件化思想开发,各个软件耦合度低,能够高度复用。火控软件系统架构如图 1 - 10 所示。

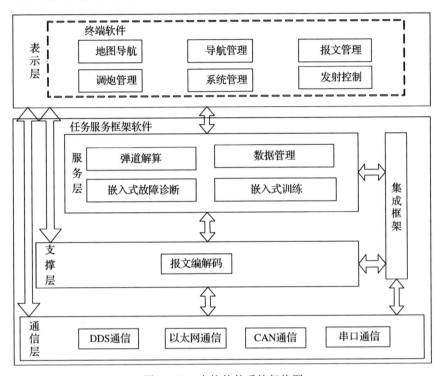

图 1 - 10　火控软件系统架构图

火控系统采用了以太网、CAN 总线和 RS422、RS232 串口完成各节点之间的数据交换。其中:终端软件包(终端软件、报文编解码软件和通信服务软件)、任务服务软件包(任务服务框架软件、弹道解算软件、报文编解码软件、数据管理软件、嵌入式训练软件、嵌入式故障诊断软件、通信服务软件)、发射控制软件和炮车控制软件之间采用数据分发服务(Data Distribution Service,DDS)进行数据传输;通信控制器软件和任务服务软件包之间采用用户数据包协议(User Datagram Protocol,UDP)进行数据传输;炮车控制软件、发射控制软件、车载惯导装置软件、任务服务软件包、数据转发器软件、智能配电箱软件之间通过传输控制协议(Transmission Control Protocol,TCP)进行数据传输;任务服务软件包与北斗一体机软件、炮车控制软件以及火箭炮中的安全联锁箱软件、高低传感器软件、方位传感器软件、高低驱动器软件和半自动操纵台软件通过 CAN1 总线进行通信;制导火箭弹传递对准流程中发射控制软件、车载惯导装置软件和数据转发器软件之间的传递对准数据通过 CAN2 总线进行通信。火控系统各个节点的数据通信接口连接关系如图 1－11 所示。

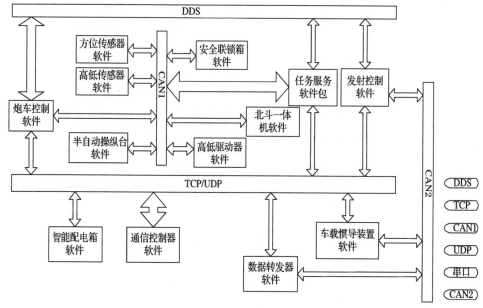

图 1－11　火控系统软件数据通信接口连接示意图

1.5.4　主要功能性能

（1）能按照发射工作流程完成制导杀爆弹、云爆弹、子母弹、侵彻弹等火箭弹的发射，并兼容发射筒控弹。

（2）具有一次调炮发射多发制导火箭弹打击指定区域内多个目标的发射控制能力。

（3）具有 CGCS2000 坐标系下大地纬度（B）、经度（L）和大地高（h）与高斯平面直角坐标（x,y,h）的转换计算功能。

（4）具有组合导航和车载惯导导航功能，车载惯导能与卫星定位数据实现组合导航；能进行组合导航模式和车载惯导导航模式选择，默认为组合导航模式。

（5）具有北斗定位和北斗/GPS 组合定位功能，具有北斗抗干扰能力。

（6）可为制导火箭弹提供北斗（军码或民码）、GPS 卫星星历数据和卫星对时信息。

（7）具有动态传递对准功能，实时向制导火箭弹发送传递对准数据；具备在静态对准条件下完成发射前准备工况的能力。

(8)采用自动和人工两种方式,进行弹种选择。当火控系统接收到指挥车传输的报文中涉及"弹种"时,火控系统应能根据报文中的"弹种"及任务,确认后自动切换操作界面;默认弹种为空,当没有报文或接收到的报文中不涉及"弹种"时,应能在操作台上操作完成"弹种"选择和与弹种有关的任务选择,并能完成所选择的任务。

(9)具有将目标信息、测地诸元、气象、弹道条件输入后,自动求取制导火箭弹的射击装定诸元、控制系统参数和弹载惯导初始参数,完成操瞄解算并自动控制随动系统调炮到射击位置的功能。

(10)具有制导弹与简控弹识别功能,并能通过串口通信对制导火箭弹进行弹种确认。

(11)具有车内/车外发射方式选择功能,能自动判断车内/车外发射开关状态。

(12)能存储并显示射击装定诸元、单炮修正量和发射弹药累计量,能分别存储 200 个以上的目标、射击口令、安全区。

(13)能计算火箭弹的毁伤概率和弹药消耗量。

(14)具有对最低表尺、安全界、非法操作、格式错、无效命令的判断功能。

(15)具有通过转发实现对制导火箭弹进行北斗授权信息加注的功能。

(16)主要单体具有自检功能,能将故障定位到电路板或单体。

(17)采用 CAN 总线实现主要单体间的可靠快速通信,并具有总线数据记录、读取及解析功能。

(18)具有火箭弹发动机点火回路隔离功能,在非射击区,点火回路能可靠断开,确保火箭弹的安全;在射击区,点火回路能可靠闭合,并具有状态显示功能。

(19)具有制导火箭弹导航工作模式选择功能,默认为组合导航工作模式,可选择为纯惯导工作模式。

(20)具有对各管号装填的制导火箭弹引信作用模式分别进行选择的功能。

(21)能按照发射工作流程完成对制导火箭弹进行地面电源上电、弹上设备自检、发送卫星对时信息、引信模式装定、卫星星历数据、弹载惯导初始参数和控制系统参数装定,完成热电池激活和发动机点火回路的阻值检测功能。

(22)在发射前准备工况可通过人工操作中止流程,中止流程后能再次进入发射前准备工况。

(23)按下发射按钮后,具有按时序执行启动弹上导航、卫星末次对时、激活弹上热电池和发动机点火的功能;在启动弹上导航、激活弹上热电池异常时应终止发射工况。

(24)弹上仪器仿真仪能对制导火箭弹进行仿真,具有仅通过增加软件模块实现对后续兼容弹种的仿真能力;完成对地面发控系统的地面电源、对时信号、激活点火信号和发射流程时序进行检测的功能。

(25)可接收指挥车的指挥信息,并上报火箭炮的状态信息。

第 2 章

现代制导火箭火控系统总体设计

现代制导火箭火控系统集火箭炮电气控制、火箭弹发射控制、火控系统模拟训练、火箭炮嵌入式故障检测于一体,是现代制导火箭的人机交互平台,亦是现代制导火箭武器系统信息控制的核心。

|2.1　火控系统组成|

火控系统由炮车控制单元、通信单元、人机交互单元、发射控制单元和机柜及火控电缆组等组成,具体组成框图如图2-1所示。

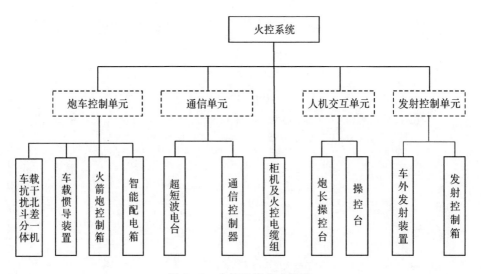

图2-1　火控系统组成框图

1.炮车控制单元

炮车控制单元包括火箭炮控制箱(含摄像头)、车载惯导装置、智能配电箱和车载抗干扰北斗差分一体机(以下简称北斗一体机)。

火箭炮控制箱作为现代制导火箭集中控制管理的核心,主要完成全炮显示控制、流程处理、以太网信息交换、报文处理、报文管理、弹道解算、数据记录和自动用炮收炮、调炮控制等功能。火箭炮控制箱包括任务服务模块、网络交换模块、总线记录模块、炮车控制模块、电源变换模块和预留模块。同时,加固摄像头作为火箭炮控制箱的组件,能够为操作手实时提供自动调炮影像信息,提高系统操作的安全性。

车载惯导装置能够实现火箭炮自主定位定向,能够为火箭炮实时提供导航和起落架的方位、高低等信息。

智能配电箱具有对全炮电气设备进行配电管理的功能,具有对配电支路进行监控和保护的功能,具有电源系统监测的功能。

北斗一体机能够实时提供本炮位置信息以及制导火箭弹发射所需的对时和星历信息。

2.通信单元

通信单元包括通信网络控制器和超短波电台,用于完成火箭炮与营(连)指挥车、阵地指挥车、气象车和弹药装填车的有线/无线数据、语音通信等。

3.人机交互单元

人机交互单元包括炮长操控台、操控台 1 和操控台 2,主要完成人机界面显示和按键采集功能。

4.发射控制单元

发射控制单元包括发射控制箱和车外发射装置。

发射控制箱作为现代制导火箭多弹种共架兼容发射控制的核心,能够通过CAN 总线/以太网总线自动采集火箭弹发射所需控制信息,完成弹上供电、弹上检测、参数装定、热电池激活、发动机点火、安全区点火隔离等功能。发射控制箱包括控制模块、弹上供电模块、恒流源模块、2 个激活点火模块、采集隔离模块、电源变换模块和预留模块。发动机点火和热电池激活电路与弹上供电电路独立设计、物理隔离,可实现在行车过程中带电工作。

车外发射装置能够在车外安全范围(60 m)外可靠发射火箭弹,具有发射保险锁、发射按钮、收车按钮、保险状态和执行显示灯等。

5.机柜及火控电缆组

火控机柜安装在驾驶舱内,内部可以安装超短波电台、通信网络控制设备、智能配电箱、火箭炮控制箱、发射控制箱等单体。火控电缆组包括以太网电缆、CAN 总线电缆、DP 电缆、信号电缆和供电电缆等。

|2.2 技术方案设计|

2.2.1 车内网络/总线结构

现代制导火箭火控系统采用以太网+CAN 总线的信息传输网络架构,构建以高速以太网为骨干的信息传输网络,以 CAN 总线为传输介质的多点传感器和执行机构的总线网络拓扑,实现数据采集、图像处理、显示控制、电气配电管理、故障检测和信息交换等功能。任务信息分发、火箭炮调炮控制和火箭弹发射控制功能放到以太网上实现,实现一网到底的控制模式;CAN 总线只负责局部控制和信号采集。

主干网络采用千兆以太网,以 10 倍的快速以太网性能与现有的 10/100 M以太网标准兼容。同时为 10/100/1 000 Mb/s 开发的虚拟网标准 802.1Q 及优先级标准 802.1p 都已推广,千兆网已成为构成网络主干的主流技术,不仅如此,千兆以太网对于降低网络的长期拥有成本也大有裨益。同时,通过交换机的灵活端口扩充能力,满足网络规模的扩充,日后方便提升现代制导火箭火控系统性能,能够快捷地实施新应用。目前,火控系统利用成熟的千兆以太网数据分发服务传输机制构建车内网络,满足了火控系统与火箭弹发射控制的大数据量信息交互的需求,减少了信息转发环节,提高了传输的可靠性。

CAN 总线是 20 世纪 80 年代初德国博世公司为解决现代汽车中众多控制单元、测试仪器之间的实时数据交换而研发的现场总线,被公认为是最有前途的现场总线之一。其废除了站地址信息,提供了一套复杂的错误处理机制,具有很高的可靠性、实时性和数据一致性,同时,实现了成本低廉,能在各种环境使用。这些优点使得 CAN 总线能很好地应用于现代制导火箭火控系统。目前,火控系统采用 CAN2.0B 的机制,并根据自身的应用特点对控制系统的集成度、系统结构的复杂度和可靠性、安全性等要求,在总线型网络拓扑结构基础上加以优化网络拓扑,可实时控制火箭炮执行各种操作,全方位提升现代制导火箭武器系统信息共享程度和信息交互能力。

火控系统采用以太网+CAN 总线的车内网络/总线体系架构。其中,通信控制器、车载惯导装置、火箭炮控制箱、发射控制箱和智能配电箱通过千兆以太网进行信息交互;安全联锁箱、高低/方位传感器、半自动操纵台、北斗一体机等设备与火箭炮控制箱相连,通过 CAN 总线完成设备状态信息的采集。

任务服务模块通过视频线接口与炮长操控台、操控台 1 和操控台 2 相连,实现三乘员人机交互界面显示控制功能;摄像头和任务服务模块之间通过射频线连接,实时提供自动调炮影像信息;炮车控制模块通过 I/O 口与安全联锁箱和智能配电箱相连,完成火箭炮自动/半自动用炮、操瞄调炮、自动收炮等实时性、安全性要求高的控制。

2.2.2　自动操瞄调炮控制方案

火控系统采用基于捷联惯导的高精度大闭环快速一次调炮控制技术,其控制原理如图2-2所示。车载惯导装置作为控制系统的位置反馈,直接安装在火箭炮起落架上,实时给出大地坐标系下火箭炮定向管的俯仰角和方位角和滚转角(α、θ、γ);方位传感器安装在火箭炮起落架回转体内,输出炮塔坐标系下的方位角 ε;高低传感器安装在火箭炮起落架的旋转耳轴上,输出炮塔坐标系下的高低角 β。炮车控制模块根据车载惯导装置敏感火箭炮定向管在大地坐标系的空间指向和高低/方位角传感器敏感火箭炮定向管在载体坐标系内的高低/方位角开始操瞄解耦,根据车载惯导装置反馈的火箭炮身管姿态信息,实时给出调炮控制需要的D/A电压信号控制火箭炮调炮到位。

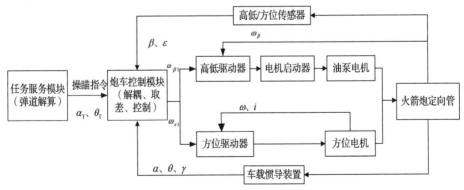

图 2-2　自动操瞄调炮原理图

根据火箭炮空载、偏载和满载等不同工况下现代制导火箭的负载特性和转动惯量,火控系统采用误差二次方根控制+积分分离分段 PID 控制算法,实现不同工况下自动调炮控制,满足自动调炮精度要求。

为了确保现代制导火箭能够在地面倾斜情况下自动调炮,火控系统设计了倾斜调炮控制策略。倾斜调炮控制策略中设定了车体倾斜极限值,安全联锁箱通过采集车载惯导装置的横倾角、纵倾角判断地面倾斜情况,如果地面倾斜度在车体倾斜极限值附近,安全联锁箱能够控制千斤顶放列进行补偿,可以确保不同工况下车体倾斜在设定的极限值范围内。基于自动操瞄调炮安全性考虑,在自动操瞄调炮过程中,火控系统会实时判断车体倾斜状态,如果车体倾斜值大于设定得极限值,火控系统将停止自动调炮。如果车体在自动操瞄调炮前倾斜值太大,则不允许自动调炮。

2.2.3 自动用炮收炮控制方案

操控台按下自动用炮或自动收炮按钮,火箭炮控制箱任务服务模块采集到按键信息后发起自动用炮或自动收炮流程,炮车控制模块根据用炮和收炮时序自动控制火箭炮完成自动放列和自动撤收,同时在操控台和炮长操控台上可以实时监控自动放列和撤收状态。自动用炮控制时序流程为:解脱行军固定器—启动传动—放千斤顶—停止传动。自动收炮控制时序流程为:启动传动—自动收炮—收千斤顶—停止传动—锁紧行军固定器。

2.2.4 多弹种共架发射控制方案

火控系统最核心的功能是发射和控制精确制导火箭弹。不同制导火箭弹的发射控制流程、点火控制时序都不尽相同。火控系统为满足现代制导火箭发射多型火箭弹的通用性要求,统一制定了火控系统与武器平台接口、火控系统与现代制导火箭接口、制导火箭弹与现代制导火箭接口、制导火箭弹发射顺序和间隔、火箭弹参数装定和引信编码规则等现代制导火箭武器系统工程技术标准。通过标准化和通用化设计,现代制导火箭火控系统可以满足多种不同类型的制导火箭弹和后续发展的制导弹种的发射需求,实现多弹种共架发射控制。

多弹种共架发射控制流程如下:首先,火控系统进行自动弹种识别,根据制导火箭弹返回的弹种编码格式区分各型制导火箭弹,确定弹种和引信。其次,火箭炮控制箱将识别结果发送给发射控制箱和数据转发器,各弹体根据不同弹种进行程序切换开始后续制导火箭弹的发射控制流程。最后,发射控制箱根据发射的弹种不同,给出各弹种需要的热电池激活和点火电流,实现多型制导火箭弹发射控制。

2.2.5　一次调炮多目标攻击方案

一次调炮多目标攻击是指现代制导火箭到达发射阵地后,在进行发射控制流程中只需一次操瞄调炮,即可完成发射多枚制导火箭弹同时攻击一定范围内的多个目标,以达到先敌发射、先发制人、以少胜多的目的。经模拟战术推演,具有多目标攻击能力的武器装备,其作战效能可提高将近一倍。而现代制导火箭只需一次调炮便可攻击不同目标,节省了很多极其宝贵战场时间,极大地改善了现代制导火箭的生存环境,对现代战争意义重大。

具体实现方案如下:

用北斗一体机测量出发射阵地坐标和要攻击的多个目标坐标信息。在坐标系下,计算各个目标的炮目方向,并求取平均射向。选取平均射向建立新的坐标系,解算获得每个目标在该坐标系下的位置坐标,经计算可得出瞄准点坐标。以瞄准点计算出的射角为调炮射角,平均射向为调炮射向进行操瞄调炮,输入每发制导火箭弹攻击的目标点位置,经弹道解算,确定每发火箭弹装定的飞行控制参数,进而实现一次调炮多目标攻击。

2.2.6　传递对准方案

传递对准是指用主惯导系统的高精度导航信息对子惯导系统进行初始对准的方法。传递对准技术经过几十年的发展,在误差模型、匹配方式、杆臂效应等方面取得诸多成果,传递对准的快速性和精度得到很大的提高。现代制导火箭火控系统在发射控制流程中使用了该传递对准技术。

制导火箭弹装填于现代制导火箭的定向管中,定向管固定在现代制导火箭的起落架上,车载惯导装置也安装在起落架上。车载惯导装置与弹载惯导系统相当于通过现代制导火箭的起落架物理连接。火控系统通过 CAN 总线将车载惯导装置的实时导航信息传递给弹载惯导系统,通过传递对准算法,计算出主惯导与弹载惯导之间的安装误差,并对其实际姿态信息进行修正,提高弹载惯导姿态测量精度,实现制导火箭弹弹载惯导的初始精确对准。

火控系统有两种传递对准方式:静态对准和动态对准。静态对准是完成制导火箭弹参数装定和火箭炮自动操瞄调炮后,车载惯导装置将当前姿态信息经发射控制系统传递给弹载惯导,通过指令启动制导火箭弹静态对准,弹载惯导自行完成静态对准,并向发射控制系统返回对准结果。动态对准是完成制导火箭弹参数装定后,在火箭炮自动操瞄调炮过程中,车载惯导装置将实时姿态信息经发射控制系统周期性地传递给弹载惯导,通过指令启动制导火箭弹静态对准,弹载惯导不断进行动态对准,至调炮结束后向发射控制系统返回对准结果。

2.2.7　通信方案

火控系统选用通信网络控制设备和超短波电台实现与指挥系统的有线数据通信、无线数据通信和话务通信联络。通信方案原理框图如图 2-3 所示。

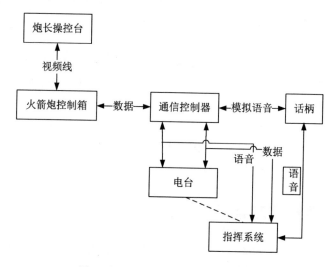

图 2-3　火控系统通信方案原理图

2.2.8　定位定向方案

定位定向是利用定位定向传感器实时获取移动平台位置和姿态信息的技术。固定阵地的武器平台功能性能全面,但容易被敌方发现并摧毁,为提高武器装备的战场生存能力和作战能力,作战平台已由固定阵地作战向随机阵地转变。这就使用到定位定向技术,要求平台具备自动获取空间位置与方向的能力,定位定向系统能提供满足精度要求的导航信息。

现代制导火箭火控系统定位定向系统包括车载惯导装置、高程计、里程计、北斗一体机和导航计算机等设备。北斗一体机、高程计、里程计实现卫星定位和导航功能,经导航计算机处理定位信息发送给车载惯导装置。车载惯导装置可根据实时的卫星定位信息修正导航数据,实现卫星＋惯导的组合导航功能。

2.2.9　系统供配电方案

现代制导火箭的电气系统是一个十分复杂庞大的系统工程,系统供配电设计是电气系统设计的重要组成部分。火控系统供配电体制如图 2-4 所示。

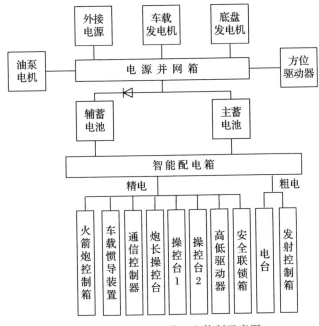

图 2-4　火控系统供配电体制示意图

火控系统具有车载发电机、底盘发电机和外接电源三种供电方式,通过电源并网箱实行三种供电方式的并网输出;根据各设备的用电要求,使用粗、精电分开的双路供配电体制,通过智能配电箱实现全炮电气设备所需的精电和粗电的智能配电控制。油泵电机、方位驱动器通过电源并网箱直接供电。智能配电箱作为系统供配电的核心,对火箭炮电源系统进行监控管理,具有对各个配电支路状态进行监测与保护的功能,确保系统可靠供电、合理配电、安全用电。

2.2.10 集中处理与分屏显示方案

集中处理与分屏显示技术也称为一机多屏,即一台主机控制多台显示器的显示内容。一机多屏处理技术可以将更多的画面投射到不同的显示屏上,并对其显示画面进行控制和管理。该技术既可以用于虚拟仿真设备,也可用于一个操作人员同时处理多个文件或监控多个视频的应用场景,大大降低了企业成本。

集中处理与分屏显示技术一般以多屏卡为基础,实现一台主机支持对多台视频图形阵列(Video Graphics Array,VGA)显示器或视频显示器的信号控制与处理,主要有三种模式。

(1)克隆模式:亦称复制模式,多个屏幕上显示同样的内容。

(2)拉伸模式:各屏幕内容不同,主窗口图像拉伸至次窗口,拉伸模式又分"水平跨越"和"垂直跨越"两种,前者将一个完整的画面水平分割,分布显示于各个屏幕中,后者则是垂直分割。

(3)独立自由模式:各屏幕内容相异,状态栏只在主窗口显示,次窗口为主窗口的一个扩展窗口。

火控系统采用集中处理与分屏显示技术,实现一台火箭炮控制箱带三台操控台的独立自由模式显控,将不同操作界面根据任务推送到不同操控台屏幕上,减少信息处理环节,提高系统可靠性,降低系统成本。

集中处理与分屏显示方案如图 2-5 所示,火箭炮控制箱通过视频线与三个操控台相连,火箭炮控制箱中显示控制软件响应键盘按键,并将相应的显示界面推送到相应的操控台。

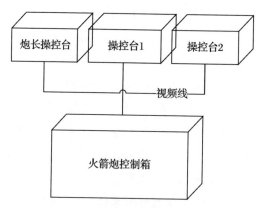

图 2-5 集中处理与分屏显示方案

2.2.11　视频采集处理与显示方案

　　火控系统在现代制导火箭驾驶舱外顶部安装一个摄像头,目的是在现代制导火箭自动操瞄调炮过程中,能够为驾驶室操作员提供实时调炮影像信息,提高武器系统安全性。摄像头作为火箭炮控制箱的一个组件,通过射频线将自动调炮影像信息传到火箭炮控制箱,火箭炮控制箱对采集到的图像进行处理,将处理后的图像信息在操控台上显示。

　　火箭炮控制箱中设计有独立的 ARM 处理器和专门处理图像的计算机。视频采集处理的原理是:摄像头将采集到的图像在 ARM 处理器上进行处理,之后通过单独的以太网接口发送给专门处理图像的计算机,图像采用 H264 编码格式,传输采用用户数据报协议(User Datagram Protocol,UDP)、实时传输协议(Real-time Transport Protocol,RTP),视频采集、处理流程如图 2-6 所示。

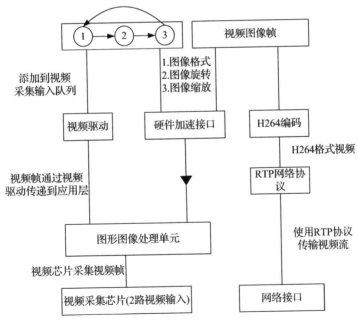

图 2-6　视频采集、处理流程

　　计算机将接收的 H264 格式视频数据进行解码,解码后在操控台上显示出视频信息。视频显示流程如图 2-7 所示。

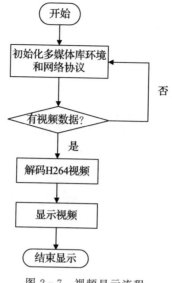

图 2-7 视频显示流程

2.2.12 嵌入式检测与故障诊断方案

嵌入式检测（BIT）一般包括状态监测、故障检测、故障隔离和故障预测等功能。通过状态监测对产品关键特性参数进行实时监控、故障检测、快速定位系统故障、预判故障将要发生的时刻，确保产品正常运行及任务可靠性、安全性和自主保障性。

现代制导火箭的故障诊断系统由嵌入式检测分系统和上位机状态监测与故障隔离预测分系统组成。嵌入式检测分系统由多传感器组、总线记录模块和选择器等组成。上位机状态监测与故障隔离预测分系统主要完成控制下位机系统进行测试点信号的采集，以及对采集到信号的处理和分析，实施对火控系统的状态评估和维修决策。火控系统的不同模块分系统分别通过传感器组获得状态参量和测试点信号的采集，发送给上位机状态监测与故障隔离预测分系统接收端，获得被测单元的状态监测值，经总线记录模块进行数据分析处理，进而完成系统状态的评估和维修决策。

此外，火控系统各个设备具有嵌入式测试功能，能完成设备自检并上报自检结果。火控系统总线记录模块通过 CAN 总线和以太网实时记录数据，并对记录的数据进行存储、备份，并通过嵌入式故障诊断软件，能够对储存的总线数据进行在线解析,可以根据故障现象和总线数据进行分析,结合故障树和经验库相关知识,给出故障类型、原因以及维修建议。梳理出现代制导火箭常见的故障,并编制故障代码,确定最小可更换单元,进一步提升系统的测试性、保障性和维修性。

现代制导火箭火控系统检测和故障诊断还可以通过炮外检测分析仪对系统进行离线数据解析,诊断信息传输节点、传输状态,进行故障定位;亦可将记录数据进行回灌,模拟当时真实情况,进行故障复现。

2.2.13 系统接地方案

为了确保现代制导火箭上所有电子设备正常工作以及操作人员和设备的安全性,火控系统进行了接地设计,并规划了地线铺设路径。

电子设备的地与大地连接,首先可以提高电子设备、电路系统的工作稳定性。电子设备若不与大地连接,它相对于大地将呈现一定的电位,该电位会在外界干扰场的作用下变化,从而导致电路系统工作不稳定;如果将电子设备的地与大地连接,它会处于真正的零电位,就能有效地抑制干扰。其次,通过接地可以泄放由静电感应在机箱和线路上积累的电荷,防止感应雷击和电荷积累形成的高压导致设备内部放电而造成干扰,并为设备和操作人员提供安全保障。最后,电子设备的机壳接地,能达到静电屏蔽和电磁屏蔽的效果。

根据火控系统各个电子设备的信号种类、工作电平和干扰特性、抗干扰能力等特点进行分析,火控系统的地线可分为电源地、电子设备信号地和机壳地三大类。

电源地属于电子设备的输入电源地,该地线都已通过各个电子设备的供电电缆连接到智能配电箱并汇集到一起,智能配电箱最终将所有电子设备的输入电源地通过系统输入电源电缆连接到蓄电池组的负极,并与车体相连。电子设备信号地属于电子设备的内部地线,所有电路板上集成电路、芯片等的地线最终汇集于一点,电子设备信号地可以通过电容连接到机壳地上。机壳地属于安全地,各个设备的机壳地采用多点、就近接地的方式,通过接地导体直接连接到车体上。该接地方案可消除电气设备的静电放电,形成一个电气上连续的整体,并将电路工作产生的电磁辐射经过滤波电路最终泄放到车体上。

2.2.14 雷电浪涌防护方案

现代制导火箭武器大多布置在相对空旷的开阔地带,目标明显,容易遭到雷电伤害,特别是在南方雷雨较多的城市,受到袭击的概率更大。为确保现代制导火箭武器安全可靠,防止雷电伤害,可以参考城市高大建筑物的避雷经验,结合现代制导火箭火控系统的实际情况,设计有效的防雷电措施。

为了避免雷云接近设备上空时在设备中感应产生大量电荷而形成高压,导致电子设备故障或损坏,需要在炮车驾驶舱顶部靠近电台天线入口处和有线通信被覆线入口处接入避雷器。增加瞬态抑制器件用于间接雷电效应和浪涌电流的防护,并就近安装接地柱,以实现天线座和车体的低阻导通。将感应雷击产生的大量电荷直接泄放到车体大架上,不致因电荷的大量积聚而产生高压,对设备和人员造成伤害。

现代制导火箭处在各种地域,其电磁环境也有差别,雷击时感应雷击也会进入通信线路造成干扰,甚至对接口芯片造成损坏。因此在每条通信线路上都应增加压敏电阻和浪涌抑制二极管,将其安装在接口芯片入口端。它对浪涌的响应时间短,放电电流小,而且恢复电压基本不变。同时,在电台天馈线的输入端增加基于气体放电管同轴保护技术的浪涌保护器,这些保护器通过专用的地线连接到现代制导火箭车体上。

浪涌强度和使用频率会直接影响浪涌保护器的正常工作。为达到设备和系统的最佳保护效果,浪涌保护器应提前考虑以下方面进行选择:

(1)分析被保护设备对浪涌的暴露程度(即受浪涌影响的程度);

(2)分析被保护设备所处地域的雷击强度;

(3)结合实际,确定系统内浪涌保护器的安装位置;

(4)分析被保护设备的电磁兼容性程度。

2.3 结构设计

现代制导火箭火控系统须保证满足环境适应性和电磁兼容性的要求。

以典型火箭炮产品为例,单体采用铝制铸造或板拼箱式结构,箱体材料选用铝材,密封主要依靠接合面结构形式和增加导电橡胶条,接插件与面板安装网状导电垫,提高机箱的屏蔽性和密封性;散热主要依靠材料的传导散热,对于功耗大的器件采取增加散热管的措施,能很好地解决单体散热问题。

发射控制箱和火箭炮控制箱采用现场可更换的模块(Line Replaceable Module,LRM)结构,每个模块后部采用了双定位方式,前部采用不脱落螺装锁紧机构,下部和箱体结合部采用非金属聚四氟材料的导轨,在机架后面板上下安装的定位销,保证每个LRM的安装方便、推拉自如和准确定位。LRM是发射控制箱和火箭炮控制箱的基本部件,具有统一的尺寸和机械接口,支持快速插拔,带有保护外壳,具有独立的环境防护能力、良好的热管理能力以及良好的电磁兼容性。摄像头外壳采用高强度硬铝合金加工成型,具有很好的抗振动性。外壳表面均做了导电氧化和镀涂处理,可满足恶劣外部环境要求。产品内部走线良好,安装方便,整机便于更换,满足可维修性要求。

人机交互单元中的各个操控台的显示屏和键盘处于一个内腔中,键盘选用硅橡胶材质,在显示屏、键盘和箱体之间实现单体密封,由液晶显示屏、电路板、操控面板和后盖板组成。各个操控台内部装有显示屏、电路板,外部操控面板和后盖板装有操作键盘、开关、指示灯、电连接器。固定液晶显示屏结构件采用通用化零件,可以实现单体互换要求。

|2.4　软 件 设 计|

2.4.1　软件组成

现代制导火箭火控系统软件按照模块构件化思想进行设计,主要由显示控制软件、任务服务框架软件、弹道解算软件、报文编解码软件、数据管理软件、嵌入式训练软件、嵌入式故障诊断软件、车载惯导装置软件、炮车控制软件、智能配电箱软件、总线记录软件、发射控制软件和北斗一体机软件等组成。

显示控制软件主要用于系统巡检、卫星操作、通信操作、自动用炮/收炮流程控制操作、自动操瞄调炮流程控制操作、火箭弹发射流程控制操作、报文管理操作、系统管理操作、嵌入式诊断操作、嵌入式训练操作以及各功能状态的显示。任务服务框架软件能够调度各个服务构件软件协同工作。弹道解算软件能依据地理经纬度、药温、弹重、弹种、弹数、目标距离和炮目方向等信息,计算出射击诸元及飞行控制参数。报文编解码软件能根据报文描述文件实现对所有通信报文的编解码功能。数据管理软件具有对数据库中所有历史口令等数据进行更新、添加、删除、查询和存储功能。嵌入式训练软件能给出训练科目,模拟外围设备完成日常操作使用训练。嵌入式故障诊断软件提供基于故障原理和经验查询的故障诊断服务。车载惯导装置软件能够实时提供载体所在位置的经纬度、高程、里程、航向和姿态等导航信息。炮车控制软件能控制火箭炮完成自动操瞄调炮等相关动作,同时能够监视火箭炮状态。智能配电箱软件用于火控系统供电及电源系统监控管理、配电支路状态监测与保护。总线记录软件具有对 CAN 总线和以太网络总线信息的实时记录、存储和解析功能。发射控制软件能控制火箭弹完成点火发射。北斗一体机软件能提供载体卫星定位信息。

火控系统软件部署在 5 个单体或模块中,部署情况见表 2-2。

表 2-2　火控系统软件配置项一览表

序　号	单　体	软件配置项名称
1	火箭炮控制箱	显示控制软件
		任务服务框架软件
		弹道解算软件
		报文编解码软件
		数据管理软件
		嵌入式训练软件
		嵌入式故障诊断软件
		总线记录软件
		炮车控制软件
2	车载惯导装置	车载惯导装置软件
3	智能配电箱	智能配电箱软件
4	发射控制箱	发射控制软件
5	北斗一体机	北斗一体机软件

2.4.2　软件架构

显示控制软件和任务服务框架软件采用客户端/服务器模式,显示控制软件为客户端,任务服务框架软件为服务器端。软件系统依据功能划分为表示层、服务层、支撑层和通信层 4 层体系架构。其中,表示层用于人机交互界面的显示和交互;服务层完成具体业务逻辑;支撑层主要完成协议的编解码;通信层用于软件之间的信息交互。其中客户端软件包含表示层、支撑层和通信层,包括显示控制软件、报文编解码软件和各类通信软件;服务器端软件包含服务层、支撑层和通信层,包括任务服务框架软件、报文编解码软件、弹道解算软件、数据管理软件、嵌入式故障诊断软件、嵌入式训练软件和各类通信软件。客户端和服务器端软件以软件构件化思想开发,各个软件耦合度低,能够高度复用。软件系统架构如图 2-8 所示。

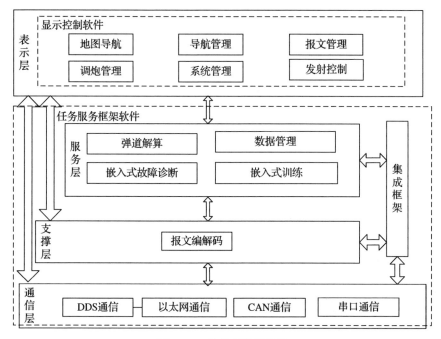

图 2-8　软件系统架构图

|2.5 接口设计|

2.5.1 火控系统外部电气接口

现代制导火箭火控系统外部电气接口有六部分,分别为与外围设备接口、与指挥系统接口、与发射起落架接口、与火箭弹接口、与火箭炮接口、与检测系统接口,具体接口关系如图2-9所示。

火控系统与外围设备通过 USB 接口进行信息和文件传输;与指挥系统之间通过有线接口方式进行信息交互,采用被覆线与指挥系统建立连接,完成与上级指挥系统通信功能;与发射起落架通过电连接器完成信号输入、输出;与火箭弹通过定制的接插件完成信息交互;与火箭炮之间通过 I/O 接口完成火箭炮的所有动作控制,通过 CAN 接口完成数据采集;与检测系统之间通过检测口相连,主要是以太网接口,完成对火箭炮的健康监测及管理。

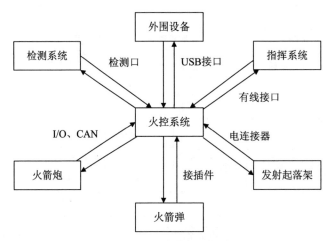

图 2-9　火控系统外部电气接口图

2.5.2　火控系统内部电气接口

火控系统内部电气接口包括以太网接口、CAN 总线接口、视频线接口、I/O 接口和电源接口等。具体连接关系如下：

（1）火箭炮控制箱与通信控制器、发射控制箱、车载惯导装置和智能配电箱之间通过以太网接口进行信息交互；

（2）火箭炮控制箱与北斗一体机、安全联锁箱、驱动器及执行机构、高低/方位传感器、半自动操纵台之间通过 CAN 总线接口互通互连；

（3）炮长操控台、2 个操控台通过视频线接口与火箭炮控制箱相连，采用集中处理与分屏显示技术，实现一主机带三独立操控台的显控输出模式；

（4）摄像头通过射频接口与火箭炮控制箱相连，实时提供火箭炮的调炮影像信息，便于操作人员在驾驶舱操作调炮等动作；

（5）火箭炮控制箱通过 I/O 接口与安全联锁箱和智能配电箱相连，完成火箭炮自动/半自动用炮、自动操瞄调炮、自动收炮等实时性、安全性要求高的控制；

（6）车外发射装置通过机械接口与发射控制箱相连，能够在车外安全范围可靠完成火箭弹的发射；

（7）智能配电箱通过各电源接口为火控系统所有单体设备提供正常工作需要的电压。

第 3 章

现代制导火箭火控系统硬件设计

|3.1 硬件总体设计|

　　火控系统加强与现代制导火箭电气设备的一体化设计工作,优化系统组成,合理布局系统电缆,设计合理的信息流程、控制流程和控制策略,实现全炮电气集中统一管理。火控系统的车内网络/总线体系架构采用以太网＋CAN总线的信息传输网络架构,将火箭炮控制和火箭弹控制功能放到以太网上实现,实现一网到底的控制模式,满足大容量数据的传输;CAN总线只负责局部控制和状态信息的采集,保证控制信息传输的实时性与可靠性。以太网信息传输采用基于DDS的数据分发机制,CAN总线仍旧采用CAN2.0B的机制。

3.1.1　外部电气接口

　　火控系统外部电气接口主要包括与指挥车接口、与贮运发箱接口、与火箭炮接口、与检测维修车接口、与军码加注枪接口、与外置光驱接口,如图3-1所示。

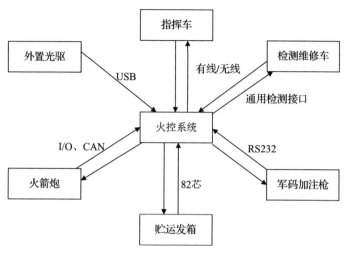

图 3-1　火控系统外部接口图

3.1.2　内部电气接口

火控系统内部电气接口包括以太网接口、CAN 总线接口、DP 接口、视频接口、I/O 接口和电源接口。

（1）火箭炮控制箱、通信网络控制设备、发射控制箱、车载惯导装置、智能配电箱和数据转发器之间通过以太网进行信息交互；

（2）火箭炮控制箱、北斗一体机、安全联锁箱、高低驱动器、高低/方位传感器、半自动操纵台之间通过 CAN1 总线采集设备状态信息；

（3）发射控制箱、车载惯导装置和数据转发器之间通过 CAN2 总线实时传输传递对准数据；

（4）设计实现总线记录模块能够备份任务服务模块，提高系统任务可靠性；

（5）去掉炮长操控台、2 个操控台内的主板，通过 DP 口与火箭炮控制箱相连，采用图元集中处理与分屏显示技术，实现"一拖三"显控方式，极大地优化了系统组成，降低了系统成本；

（6）增加调炮视频监控功能，摄像头通过 PAL 视频接口与火箭炮控制箱相连，实时提供火箭炮的调炮影像信息，便于操作人员在驾驶舱监控操瞄调炮等动作；

（7）火箭炮控制箱通过 I/O 接口与安全联锁箱和智能配电箱相连，完成火箭炮千斤顶放列/撤收、行军固定器锁紧/解脱、储运发箱锁紧/解脱、82 芯箱炮电连接器插接/脱离、自动用炮/收炮等控制动作；

（8）智能配电箱通过各电源接口向火控系统内的各单体输出供电电压。

|3.2　发射控制系统硬件|

发射控制系统为现代制导火箭共架发射控制的核心，采用现场可更换模块为基本结构单元进行设计，安装在驾驶舱内，通过以太网、CAN 总线与其他单体进行数据交互；能够完成火箭弹发射时序控制、弹上设备供电、回路阻值检测、热电池激活和发动机点火等功能，发射电路与控制电路采取可靠隔离措施，可在行军过程中输出地面电源。

3.2.1　主要功能

（1）可实现车内/车外发射状态的自动判断；

（2）能按照发射工作流程完成制导火箭弹的发射；

（3）能够接收卫星星历、飞行控制参数等，完成火箭弹检测、控制参数、卫星星历参数装定及点火发射；

（4）在发射前能为火箭弹提供地面电源；

（5）能对火箭弹对接状态进行检测，对热电池激活回路和发动机点火回路阻值进行测量；

（6）能对弹上设备状态进行检测；

（7）能对制导火箭弹的引信模式进行装定；

（8）能对组合导航系统进行动态传递对准；

（9）能对弹载卫星定位装置发送对时命令；

（10）按下发射按钮后，具有按时序执行启动弹上导航、卫星三次对时、激活弹上热电池和发动机点火功能；

（11）在启动弹上导航、卫星三次对时、弹上热电池激活出现异常时应终止发动机点火；

（12）发射前能对激活、点火回路的继电器进行状态检测；

（13）能根据弹种自动切换恒流源模块的输出电流。

3.2.2　电气设计

发射控制系统内部采用工业标准体系结构（Industry Standard Architecture, ISA）总线控制，控制模块控制弹上供电模块和采集隔离模块；采集隔离模块和激活点火模块之间的控制线通过光耦隔离。弹上控制模块向弹上设备提供地面电源，恒流源模块输出激活点火电流。

1.控制模块

控制模块由 CPU 处理器、内存、电子盘、I/O 接口以及通信模块等组成，其运行地面发控程序，根据制导火箭弹的发射流程向制导火箭弹提供地面电源、装定飞行任务参数和星历文件；与数据转发器进行以太网通信，向数据转发器发出操作指令，接收数据转发器返回的弹上信息；具有 I/O 功能，可输出箱炮对接检测信号和数据准备好的信号，采集制导火箭弹发射方式信号、点火按钮信号、保险锁状态信号、车外收车信号和箱炮对接状态信号。

控制模块设计有 2 路千兆以太网、4 路 CAN 总线、1 路 RS422 和 2 路 RS232 接口、24 路 I/O 接口，表 3 - 1 为控制模块主要 I/O 分配表。

表 3 - 1　控制模块 I/O 分配表

序　号	名　称	信号特征	有效电平
1	车内发射判断	输　入	＋28 V
2	车外发射判断	输　入	＋28 V
3	车内发射按钮	输　入	GND
4	车外发射按钮	输　入	GND
5	车内保险锁检测	输　入	＋28 V
6	车外保险锁检测	输　入	＋28 V
7	左箱对接检测输出	输　出	＋15 V
8	左箱对接检测输入	输　入	＋15 V
9	右箱对接检测输出	输　出	＋15 V
10	右箱对接检测输入	输　入	＋15 V
11	车外收车信号	输　入	GND
12	发控电源准备好	输　入	＋28 V
13	车外数据准备好指示灯	输　出	＋5 V
14	车内数据准备好指示灯	输　出	＋5 V

2.弹上供电模块

弹上供电模块电路由 CPLD 电路和继电器输出电路组成,CPLD 通过 ISA 总线和控制模块通信,解析总线数据,控制继电器输出,向左右两箱 10 发火箭弹提供＋28 V 的地面电源、＋15 V 的时间零点电源、＋28 V 的惯性闭合开关电源和＋15 V 的闭锁电源信号以及＋28 V 的数据转发器工作电源。其原理框图如图 3－2 所示。

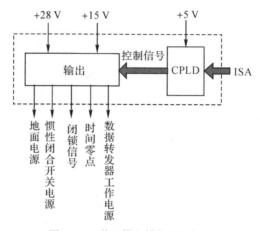

图 3－2　弹上供电模块原理框图

3.采集隔离模块

采集隔离模块主要在射击区采集 30 路热电池和点火头的阻值信号,检测 30 路热电池激活回路和发动机点火回路的开关/继电器状态;采集发控＋5 V 和＋28 V 的电压值、恒流源输出的电流值;输出激活点火回路的控制信号和恒流源控制信号,保证恒流源模块和激活点火模块在非射击状态下的电气隔离。在非射击区,安全隔离激活点火回路的控制信号和恒流源控制信号。

采集隔离模块由 CPLD 电路、A/D 转换电路、电平转换电路和隔离电路组成。CPLD 电路解析总线地址,产生控制信号,输出数字量;电平转换电路对 30 路热电池激活回路和发动机点火回路的开关/继电器状态电平信号进行转换和调理,输出适合 CPLD 接口的电平信号;A/D 转换电路输入热电池和点火头阻值信号、恒流源电流检测信号和发控电压检测信号,输出数字量;隔离电路采用光耦隔离激活点火回路的控制信号和恒流源控制信号。其原理框图如图 3－3 所示。

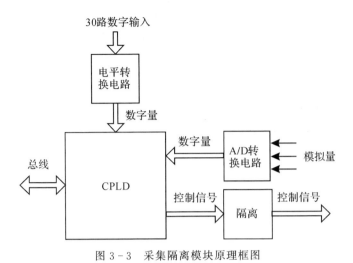

图 3 - 3　采集隔离模块原理框图

4.恒流源模块

恒流源模块主要由输入继电器、输入滤波电路、恒流源转换电路及电流传感器电路组成。

恒流源转换电路是恒流源模块的核心电路,负责恒流的产生和切换。发控+28 V 电源经过滤波后,进入功率变换主电路,该转换电路采用 DC/DC 高频变换技术,依据负载情况,在控制电路的作用下,将电压源变换为电流源,输出恒定电流。

恒流源输出切换通过控制端实现,EN 为控制使能端,高电平有效,可控制恒流源工作与否;1 A 控制端控制恒流源输出 1~1.5 A 恒流,高电平有效;2 A 控制端控制恒流源输出 2~2.5 A 恒流,高电平有效;5 A 控制端控制恒流源输出 5~6 A 恒流,高电平有效。恒流源的输入输出真值表见表 3 - 2。

表 3 - 2　恒流源的输入输出真值表

输　入				输　出
EN	1 A 控制	2 A 控制	5 A 控制	
0	×	×	×	0
1	1	0	0	1~1.5 A
1	0	1	0	2~2.5 A
1	0	0	1	5~6 A

恒流源模块设计有两路霍尔型电流传感器,用于检测输出电流,其输出 0～5 V 的直流电压,线性对应 0～6 A 的直流电流。

为防止空载情况下恒流源模块输出电压过高,输出电压保护值设为 65 V,并通过检测回路进行监测;输入继电器控制＋28 V 发控电源的接入,其状态可通过检测回路进行监测。

恒流源模块原理框图如图 3-4 所示。

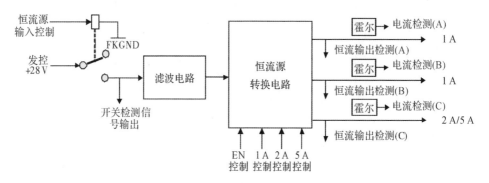

图 3-4　恒流源模块原理框图

5.激活点火模块

发射控制系统内共有 2 块激活点火模块,根据发控时序完成左右箱热电池激活和发动机点火。发动机点火电路在激活点火模块上由三级继电器控制,常态下发动机点火回路与恒流源输出断开并短接点火头;热电池激活电路同样由三级继电器控制,常态下热电池激活回路与恒流源输出断开并短接点火头。

此外,激活点火继电器的控制信号在非射击区被隔离,恒流源输出被切断,提高了激活点火的安全性。

激活点火模块原理框图如图 3-5 所示。

6.电源变换模块

电源变换模块有两路＋28 V 输入,一路＋28 V 由稳压电源提供,主要供弹上地面电源用,经 DC/DC 变换后输出＋5 V 和＋15 V;另一路＋28 V 由智能配电箱提供,主要供恒流源使用,经 DC/DC 变换后输出一路＋5 V 电源,供发射控制回路的继电器和阻值检测使用,其原理框图如图 3-6 所示。

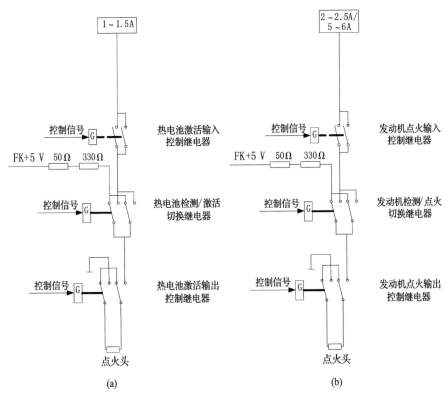

图 3-5　激活点火模块原理框图

(a)热电池激活电路；(b)发动机点火电路

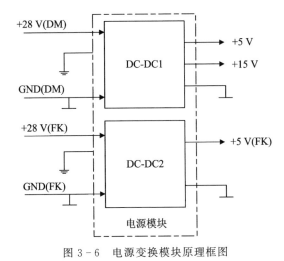

图 3-6　电源变换模块原理框图

3.3 人机交互系统硬件设计

3.3.1 主要功能

（1）显示功能，正常启动进入主界面，显示屏显示内容清晰、正确；

（2）屏幕亮度调节功能，通过键盘操作可对显示屏亮度进行调节；

（3）键盘操作功能，正常加电后各按键操作可靠；

（4）具有一路 USB2.0 接口、一路 DP 显示接口和一路 RS232 键盘采集接口；

（5）能够显示推送的相应操控界面。

3.3.2 主要性能

（1）显示屏：采用 12.1 in 彩色液晶显示屏，分辨率为 1 024×768；

（2）面板指标要求：全键盘 71 个键；

（3）功耗小于 30 W；

（4）电源电压：DC +28 V±4 V；

（5）连续工作时间：≥8 h。

3.3.3 电气设计

显示台由 12.1 in 液晶显示屏、操控面板和接口板组成，如图 3-7 所示。

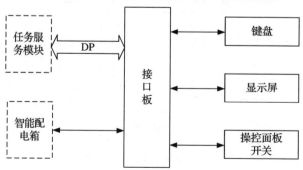

图 3-7　操控显示台组成框图

1.液晶显示屏

液晶显示屏选用 12.1in TFT‐LCD 宽温显示屏,具有 1 024×768 的分辨率、750 cd/m² 高亮度、大视角、色彩丰富等优点。

2.操控面板

操控面板包括 71 键的背光全键盘(F1～F10 共 10 个功能键)、车内/车外切换开关、保险锁、保险锁通指示灯、击发按钮、发射流程状态指示灯、倒伏机构电源开关、倒伏机构上电指示灯、倒伏机构升降开关、倒伏机构升到位指示灯、倒伏机构降到位指示灯、保险盒、炮长显示台电源开关、炮长显示台上电指示灯和 USB 插座。

3.接口板

采用 XCEB 系列和 YMT 系列的在板插座,减少了走线及线缆焊接的故障率。接口板用于将 DP 显示信号转换为低电压差分信号(Low‐Voltage Differential Signaling,LVDS)显示信号,并在液晶显示屏上显示。

|3.4　火箭炮控制系统硬件设计|

3.4.1　主要功能

(1)具有对气象、遮蔽顶、安全区、星历和弹道文件等数据进行储存、查询数据管理的功能;

(2)与指挥系统进行报文通信功能;

(3)具有弹道解算功能;

(4)具有串口键盘的读取和视频数据输出功能;

(5)具有加固摄像头视频数据采集、显示和控制功能;

(6)可对火控系统内各单体的 CAN 和以太网数据进行实时记录;

(7)能够通过设置的时间、类型等查询条件从以太网在线读取所需数据记录;

(8)具有操瞄解算功能;

(9)具有自动调炮功能;

（10）具有自动用炮收炮功能，能够采集底架固定器解脱/行军固定器锁紧、千斤顶撤收到位、贮运发箱锁紧等联锁状态；

（11）能够提供 10 MHz/100 MHz/1 000 MHz 全/半双工自适应以太网的交换控制功能；

（12）具有电源变换功能，能够将 DC＋28 V 转为 DC＋12 V。

3.4.2　主要性能

（1）能够存储 50 个安全区、目标的射击口令、装定诸元、弹道解算结果和上报/下发的指挥报文；

（2）数据存储空间不小于 32 GB；

（3）具有 8 路网络通信端口；

（4）电源输入：22～32 V、15 A；

（5）电源输出：（＋12±5％）V，5 A；

（6）连续工作时间：≥8 h；

（7）电源电压：DC＋28 V，电源电压在 DC 22～32 V 范围内能正常工作；

（8）功耗指标：≤400 W。

3.4.3　电气设计

火箭炮控制系统是现代制导火箭集中控制管理的核心，主要完成以太网信息交换、操作界面显示控制、视频图像处理与显示、指挥报文收发处理、弹道解算、数据记录、自动调炮控制、自动用炮收炮等功能。火箭炮控制箱采用基于现场可更换模块进行设计，共 6 个模块，包括任务服务模块、网络交换模块、总线记录模块、炮车控制模块、电源变换模块和预留模块，各模块及其连接关系如图 3－8所示。

1.任务服务模块

任务服务模块由 CPU 处理单元、功能扩展单元、状态信息管理单元、调试接口单元和电源管理单元组成，主要完成操作界面显示控制、视频图像处理与显示、指挥报文收发处理、弹道解算、系统管理、地图导航、嵌入式训练和数据库操作等功能，能够与人机交互单元组成一主机/三终端的信息处理与应用模式。任务服务模块原理框图如图 3－9 所示。

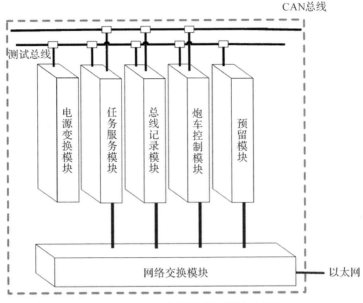

图 3 - 8　火箭炮控制箱内部模块示意图

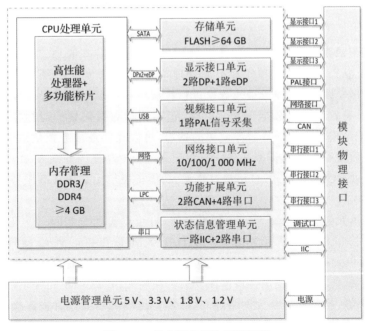

图 3 - 9　任务服务模块原理框图

（1）CPU 处理单元采用 X86 架构标准 COMe 模块，符合国际标准和技术发展方向，便于系统升级维护；

（2）存储单元将 CPU 处理单元提供的 SATA 总线扩展出一路标准的 CFast 接口，可根据系统需要安装最大 128 GB 的存储卡；

（3）显示接口单元对 CPU 处理单元提供的两路 DP 信号和一路 eDP 信号进行调理后通过对外接口插座输出；

（4）视频接口单元采集 PAL 格式的视频信号转换为数字信号经压缩后通过 USB 接口传输给 CPU 处理单元；

（5）网络接口单元对 CPU 处理单元提供的网络信号进行隔离、滤波及阻抗匹配后经背板连接到网络交换模块；

（6）功能扩展单元基于 CPU 处理单元提供的标准总线进行二次开发，通过 LPC 到 ISA 的转换桥扩展两路 CAN 总线接口，通过 LPC 接口的 SUPER IO 芯片扩展 4 路串行接口；

（7）状态信息管理单元通过内置 2 KB 铁电存储器的 MCU 实现在线自检信息存储和离线状态信息读取；

（8）电源管理单元将电源变换模块提供的 +12 V 转换为 CPU 处理单元、网络接口单元、功能扩展单元等需要的 +5 V、+3.3 V、1.8 V 和 1.2 V 等。

2.总线记录模块

总线记录模块主要包括了 CPU 处理单元、网络接口单元、存储单元、显示接口单元、状态信息管理单元和电源管理单元等，能够实时记录、存储 CAN 总线和以太网总线数据，并对总线数据进行在线解析。总线记录模块作为独立的"黑匣子"，有效地保证数据记录实时性、正确性和数据采集的时标精确性。同时，总线记录模块作为任务服务模块的备份，可以在任务服务模块故障时，替代任务服务模块完成本次作战任务。总线记录模块原理框图如图 3 - 10 所示。

其中，CPU 处理单元、显示接口单元、功能扩展单元采用任务服务模块相同的设计。

存储单元包含了两路 CFast 标准卡接口，可以实现 RAID0、RAID1 存储策略。网络接口单元包含了两路 10 MHz/100 MHz/1 000 MHz 接口，一路将 CPU 处理单元提供的网络信号进行隔离、滤波及阻抗匹配后通过背板连接到网络交换模块，作为网络镜像接口使用。另一路将 CPU 处理单元提供的 PCIe 信号通过总线转换芯片转换为网络控制器，经变压隔离后通过背板连接到网络交换模块，作为总线记录模块的正常通信使用。

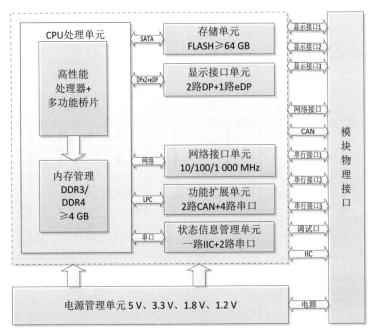

图 3-10　总线记录模块原理框图

3.网络交换模块

网络交换模块能够提供不少于 16 路以太网的信息交换功能,其原理框图如图 3-11 所示。

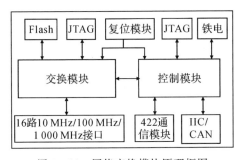

图 3-11　网络交换模块原理框图

其中,网络交换模块中的 5 路以太网接口用于完成火箭炮控制箱内部模块通信(任务服务模块 1 路、总线记录模块 2 路、炮车控制模块 1 路、预留模块 1 路),8 路以太网接口用于火箭炮控制箱与外部设备通信(1 路用于车载惯导装置通信,1路用于通信控制器通信,1路用于发射控制箱通信,1路用于智能配电箱通信,2路用于数据转发器通信,1路用于系统检测接口,1路用于预留接口),如图3-12所示。

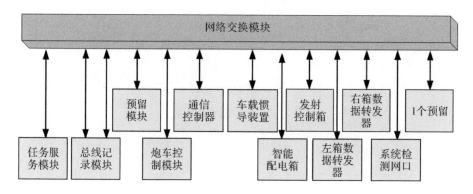

图3-12 火箭炮控制箱网络接口图

4.炮车控制模块

炮车控制模块是远程火箭炮实现基于捷联惯导的大闭环一次调炮的核心控制设备,是火箭炮自动用炮和收炮的核心控制设备,采集火箭炮的各种状态信息。

炮车控制模块采用低功耗 AMD LX800 嵌入式处理器,配合 CS5536 和 SUPER I/O SCH3114 扩展外围接口,通过 PCIBus 到 ISA 总线桥接芯片实现 ISA 总线扩展。在 ISA 总线上扩展了 24 路 I/O 与安全联锁箱相连,用于完成自动用炮/收炮功能和监视火箭炮的相关状态;扩展了 2 路 D/A 与安全联锁箱相连,用于输出控制高低、方位伺服驱动器的控制量;扩展了 2 路带光电隔离的 CAN2.0B 总线接口实现与火控系统其他单体进行数据与命令的通信,扩展了 2 路以太网接口实现与网络交换模块的通信。图3-13为炮车控制模块原理示意图。

5.电源变换模块

电源变换模块将智能配电箱提供(+28±4) V 电源转换为(+12±5%) V,具有过压保护和过流保护功能,并能够对每一路电流输出进行独立控制,实现电流电压实时监控与数据上传功能,其原理框图如图3-14所示。

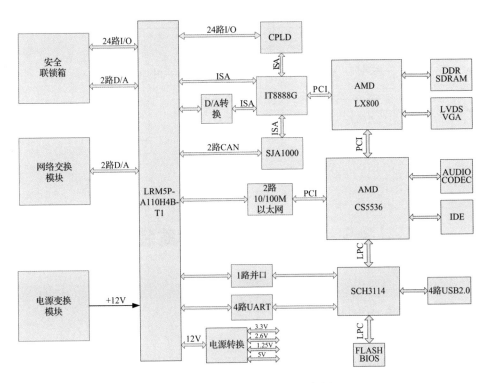

图 3 - 13　炮车控制模块原理框图

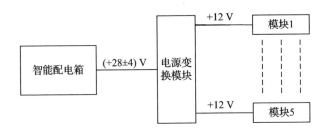

图 3 - 14　电源变换模块原理图

6.加固摄像头

加固摄像头主要由摄像头传感器＋广角镜头＋处理器＋红外自动补光模块
＋12 V 电源管理模块组成,加固摄像头原理框图如图 3 - 15 所示。

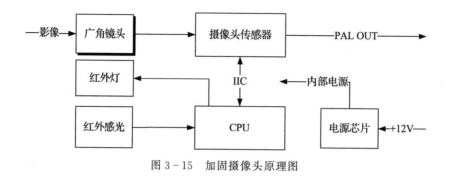

图 3-15　加固摄像头原理图

3.5　惯性定位定向导航装置

3.5.1　主要功能性能

（1）能够在晃动基座（发送机发动、人员走动情况）下自主寻北，决定方位与姿态基准；

（2）能够与卫星接收机、里程计和高程计配合完成组合导航，实时提供载体所在位置的经纬度、高程、里程、航向和姿态等导航信息；

（3）能够为弹上动态传递对准和自动调炮控制实时提供火箭炮起落架的射向与射角信息；

（4）连续工作时间：≥8 h。

3.5.2　组成及工作原理

车载惯导装置为三轴一体捷联式光纤惯性导航装置，包括惯性测量装置、里程计和高程计。惯性测量装置安装在火箭炮起落架纵向中轴线上，能够在晃动基座下自主寻北，决定方位与姿态基准；能够与卫星接收机、里程计和高程计配合完成组合导航，实时提供载体所在位置的经纬度、高程、里程、航向和姿态等导航信息；能够为火控系统提供火箭炮起落架的射向与射角信息，协助弹载子惯导完成动态传递对准。惯性测量装置通过采集加速度计与光纤陀螺输出的线加速度与角速度增量,再经过必要的安装误差补偿、高频补偿、温度补偿,作为所有解算的基础数据源。车载惯导装置系统无须转位,具有定位定向精度高,可靠性强等特点。其原理如图 3-16 所示。

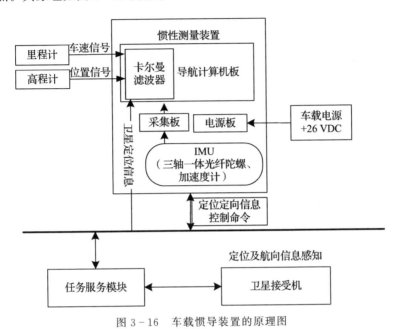

图 3-16　车载惯导装置的原理图

|3.6　北斗差分一体机|

北斗一体机采用新一代的基带芯片 BP2014 替代 BP2007,以满足接收卫星通道数由原来的 8+8 个增加为 12+12 个;同时,为满足制导弹上卫星接收机的要求,软件上增加了卫星星历输出及对时信号输出功能。

3.6.1　主要技术指标

(1)可利用北斗差分基准站播发的差分信息实时进行伪距差分定位。

（2）具有 BD2 - RNSS B3/GPS L1 双模式定位、GPS L1、BD2 - RNSS B3 单频定位、BD2 - RNSS B1/B3 双频定位功能。

（3）具有北斗 RDSS 的通信功能。

（4）具有北斗 RDSS 的定位功能。

（5）具有位置上报功能。

（6）可为制导火箭弹提供可视的北斗、GPS 卫星星历数据（BD2 - RNSS B3/GPS L1），能输出接收到的卫星数量和编号。

（7）可输出卫星对时信号或设置为 1PPS 秒脉冲输出信号。

（8）采用 CGCS2000 坐标系，高程默认输出为大地高，可以输出海拔高与高程异常值。

（9）具有自检功能和自主完好性监测功能。在不同模式下可按系统使用策略输出自检结果（纯北斗模式下北斗卫星数不少于 6 颗，其中含 2 颗非 CEO 星；BD2 - RNSS B3/GPS L1 双模式下全部卫星数不少于 8 颗）。

（10）具有 PRM 芯片、保密芯片及 RDSS IC 卡芯片授权信息外部串口加注功能。

（11）具有编码方案切换及查询应答功能。

（12）具有时效参数状态查询功能。

（13）连续工作时间：≥12 h。

3.6.2　组成及工作原理

北斗一体机由天线阵列、射频模块、抗干扰模块、信号处理板和电源板组成，电路原理框图如图 3 - 17 所示。

信号处理板包含射频信道、基带处理［全球导航卫星系统（Global Navigation Stellite System，GNSS）信息处理模块、卫星无线电定位系统（Radio Determination Satellite System，RDSS）信息处理模块、FPGA 模块］和接口单元，可完成 RNSS 军码捕获跟踪、信息加解密功能；可实现 B1、B3、GPS - L1 接收和处理功能；具备 RNSS 单频、双频及与 GPS 组合等多种定位模式；可实现 RDSS 短报文通信等功能；可完成星历、授时/对时信息输出等功能。信号处理板功能框图如图 3 - 18 所示。

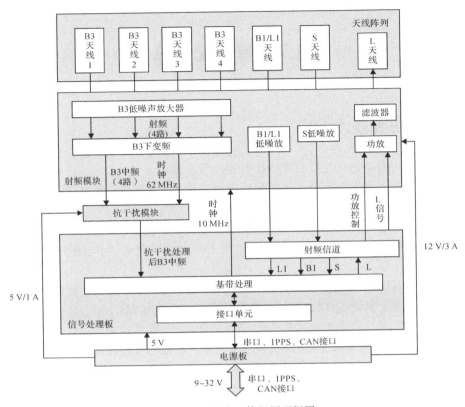

图 3-17 北斗一体机原理框图

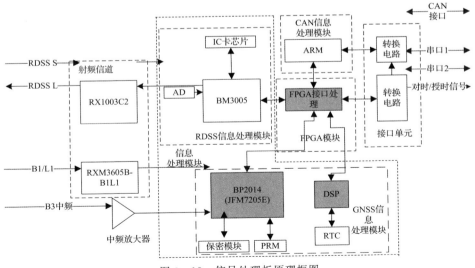

图 3-18 信号处理板原理框图

3.7 智能配电箱

3.7.1 主要技术指标

(1)具有对全炮电气设备进行配电管理的功能;

(2)具有对配电支路进行监控和保护的功能,可监测各支路电流,当配电支路发生短路、断路、过压等故障时可及时保护和报警;

(3)具有电源系统监测功能,供电不足可报警;

(4)采用粗精电双路供电体制,精电用于控制设备用电,粗电用于大功率设备用电;

(5)具有以太网通信功能,可接收控制总线命令对各支路进行配电控制、设备自检,并可上报设备自检结果、电源系统状态及配电状态;

(6)可实时显示各支路配电状态、电源系统状态、报警信息;

(7)具有解脱/锁紧、千斤顶收起/放列、左右箱炮电连接器插接、行军固定器锁紧/解脱、传动、自动、发射区状态指示功能;

(8)具有千斤顶收起/放列、行军固定器锁紧/解脱、55 芯箱炮电连接器插接/脱开、传动启动/停止等控制功能。

(9)质量:≤15 kg;

(10)箱体尺寸:350 mm×188 mm×300 mm;

(11)工作电压:22～32 V;

(12)配电输出:精电 10 路,粗电 3 路;

(13)过压保护电压:33 V;

(14)欠压保护电压:底盘供电模式为 21 V;

(15)粗/精电蓄电池电压检测,误差不大于满量程(40 V)的±3％;

(16)粗/精电总电流检测,误差不大于满量程(100 A)的±3％;

(17)连续工作时间:≥8 h。

3.7.2 组成及工作原理

1.组成

智能配电箱由主控模块、信息采集模块、输入输出模块、功率模块和人机交互模块等组成,如图 3-19 所示。具有配电控制、配电状态监测与保护、电源系统监测、电源智能管理功能,可为 10 路精电、3 路粗电设备进行配电。其中,精电配电设备有炮长操控台、两个操控台、北斗一体机、火箭炮控制箱、车载惯导装置、发射控制箱、通信控制器、安全联锁箱(控制)、高低驱动器;粗电配电设备有点火电源、超短波电台、安全联锁箱。

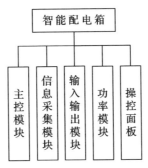

图 3-19　智能配电箱组成框图

主控模块采用 32 位的 ARM 芯片,设计有 2 路光电隔离 CAN 接口、2 路 RS232 接口、1 路 10 MHz/100 MHz 以太网接口、64 KB 的 EEPROM 存储器。作为核心处理单元,能够发出配电指令,完成数据处理及状态显示,控制数据采集和功率模块完成配电及监测保护。对电源系统和用电设备的状态进行分析,实现供耗电平衡状态的判断、配电控制管理及故障判定。

信息采集模块主要由带光电隔离 SPI 接口的 12 位 A/D 采集芯片、信号调理放大电路及多路模拟开关组成,与主控模块间采用 SPI 串行连接并进行光电隔离;采集电源系统粗/精电电压、总电流及各配电支路电流等信息传送至主控模块。

输入输出模块实现数字量 I/O 的光隔离功能,可对配电模块的智能功率开关进行控制,采集各支路的配电输出状态、智能功率开关状态端的信号。可采集手动/自动/选动配电模式、应急开关的状态、电源供电方式等信息。

功率模块可实现短路及过热保护,由主控模块进行控制,实现 10 路精电和 3 路粗电的配电开关控制,同时把各支路的配电输出状态和故障状态传送给主控模块。各路设计霍尔传感器检测该支路用电电流给信息采集模块进行 A/D 转换。

操控面板可以实时显示各路配电状态及故障报警信息,也可显示电源系统的并网状态和用电情况。操控面板的配电控制按键可以控制各支路进行上电和断电操作。人机交互模块使用 SPI 串行口 I/O 扩展芯片 MCP23S17,实现配电控制按键的输入状态采集和指示灯的输出控制。

2.工作原理

智能配电箱由主控模块发出控制指令,通过驱动电路控制功率模块实现设备配电,具有设备自检功能,可通过以太网接口实时上传电源系统状态、配电状态、故障信息及报警提示,能接收总线命令完成相应的配电控制。

实时监测各路配电控制状态、输出状态、故障状态、用电电流,可实现过流、短路、过压、过热保护,当出现过流、短路等异常时,自动关断配电输出,只须根据故障信息对配电箱或负载处理后系统即可恢复工作。

智能配电箱通过信息采集模块、输入输出模块对各用电设备电流、粗精电电压、电流进行实时采样并传至主控模块,结合对电源系统的状监测信息分析,得知实时的供电情况,实现电源智能管理。智能配电箱工作原理框图如图 3 – 20 所示。

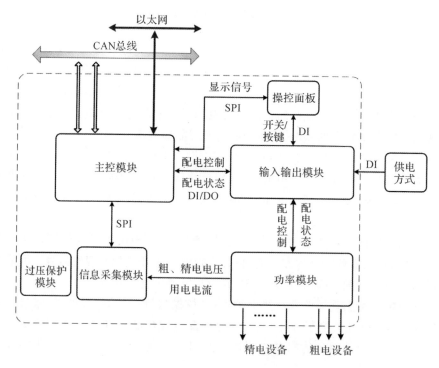

图 3 – 20　智能配电箱工作原理框图

第 4 章

现代制导火箭火控系统软件设计

|4.1 火控系统软件总体设计|

4.1.1 软件系统构架设计

火控系统软件主要包括显示控制软件、任务服务框架软件、炮车控制软件、发射控制软件、弹道解算软件、报文编解码软件、数据管理软件、嵌入式训练软件、嵌入式故障诊断软件、总线记录软件、车载惯导装置软件、智能配电箱软件和北斗一体机软件等软件配置项。各软件配置项的功能见表 4-1。

表 4-1 火控系统软件功能描述表

序 号	名　称	功能描述
1	显示控制软件	具有系统巡检、卫星操作、无线车通操作、用炮收炮流程控制操作、自动调炮流程控制操作、发射控制流程控制操作、报文管理操作、嵌入式诊断、嵌入式训练操作以及各功能状态显示的功能
2	弹道解算软件	依据地理经纬度、药温、弹重、弹种、弹数、目标距离、炮目方向等信息,完成相应的弹道解算,计算出射击开始诸元及飞行控制参数

续表

序　号	名　　称	功能描述
3	报文编解码软件	根据报文描述文件实现对所有通信报文的编解码功能
4	数据管理软件	具有能够对数据库中报文履历、历史口令等数据进行更新、添加、删除、查询和存储功能
5	嵌入式训练软件	给出训练科目,模拟外围设备完成操作使用训练,并给出考评结果
6	嵌入式故障诊断软件	提供基于故障原理和经验查询的故障诊断服务
7	任务服务框架软件	能够调度各个服务构件软件协同工作
8	总线记录模块软件	具有对 CAN 总线和以太网络总线信息的实时记录、存储和解析功能
9	炮车控制软件	完成基于捷联惯导的高精度大闭环快速一次调炮控制,同时能够控制和监视火箭炮相关操作与状态(千斤顶、行军固定器等)
10	发射控制软件	能够按照火箭弹规定的发射时序进行流程控制,具有弹上设备供电、热电池激活和发动机点火等功能
11	车载惯导装置软件	能够在晃动基座下自主寻北,决定方位与姿态基准;能够实时提供载体所在位置的经纬度、高程、里程、航向、姿态等导航信息
12	智能配电箱软件	能够实现车载发电机、底盘发电机和外接电源三种电源的并网供电以及电源系统监控管理、配电支路状态监测与保护
13	北斗一体机基带处理软件	用于捕获跟踪卫星信号进行定位测速解算,同时负责导航定位等其他信息的交互
14	北斗一体机接口处理软件	用于实现本机与外设通过 CAN 口进行数据的收发控制,完成信息交互

14 个软件配置项分别部署在 7 个单体或模块中。各软件部署情况见表4-2。

表 4-2　火控系统软件部署表

序　号	单体或模块	软　件
1	任务服务模块	显示控制软件
		任务服务框架软件
		报文编解码软件
		弹道解算软件
		嵌入式故障诊断软件
		嵌入式训练软件
		数据管理软件
2	炮车控制模块	炮车控制软件
3	北斗用户机	北斗一体机基带处理软件
		北斗一体机接口处理软件
4	总线记录模块	总线记录软件
5	控制模块	发射控制软件
6	车载惯导装置	车载惯导装置软件
7	智能配电箱	智能配电箱软件

4.1.2　执行方案设计

1.与指挥车通信

火控系统能同营(连)指挥车、阵地指挥车进行有/无线数据、话音传输,能同气象车和弹药装填车进行有/无线话音传输。其中无线选用超短波电台；与指挥车的信息交互，通过通信控制器来进行，具体由火控系统的显示控制软件、任务服务框架软件和报文编解码软件来实现。

　　任务服务框架软件启动后，对报文编解码软件进行调用，并解析报文编解码软件中的编码与解码函数；显示控制软件发送上达报文给任务服务框架软件，任务服务框架软件对上达报文进行编码，并通过通信控制器发送给上级指挥车；当上级指挥车发送下达报文时，任务服务框架软件通过通信控制器进行接收，并对下达报文进行解码，解码完成后返回给显示控制软件，显示控制软件对下达报文内容进行显示。具体实现的时序图如图 4-1 所示。其中，任务服务框架软件对报文编解码软件的调用流程如图 4-2 所示。

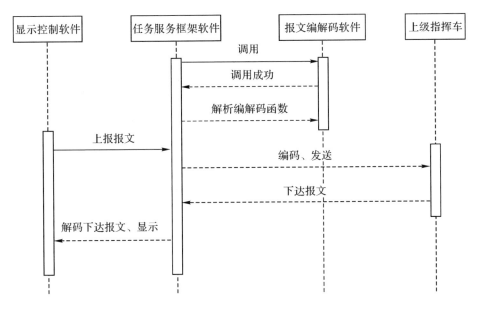

图 4-1　与指挥车通信时序图

2.对接检测

　　对接检测功能指在显示控制软件界面上对火箭弹当前的装填情况进行检测，并显示检测结果。

　　对接检测的具体实现由火控系统的显示控制软件和发射控制软件共同完成。由显示控制软件发送对接检测命令给发射控制软件，发射控制软件向火箭炮转发，火箭炮收到对接检测命令后，进行硬件对接检测，并将检测结果返回给发射控制软件,发射控制软件将其回复给显示控制软件,最终由显示控制软件显示对接检测结果。对接检测的时序图如图 4 - 3 所示。

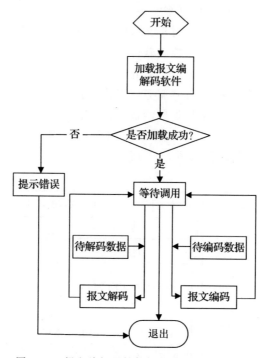

图 4 - 2　报文编解码软件加载调用软件流程图

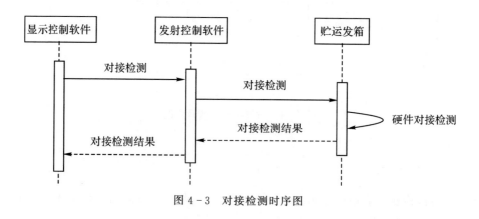

图 4 - 3　对接检测时序图

3.火箭弹发射

火控系统可以对制导火箭弹进行发射。火箭弹的发射方式包括车内和车外两种方式,可以在火控系统的显示控制软件界面上对发射方式进行选择。武器系统齐射时,各管位发射间隔 3 s,按管号由小到大的发射顺序,依次发射火箭弹。对于发射弹数小于 8 发时,采取多管连射方式发射,按管号由小到大的顺序、发射间隔 3 s 的规定,依次发射火箭弹。

（1）车内发射。火箭弹的发射由显示控制软件和发射控制软件完成,显示控制软件上点击发射按钮,并发送发射命令给发射控制软件,发射控制软件向火箭弹发出点火信号,火箭弹发动机点火之后,即离轨。火箭弹发射的时序如图4－4所示。

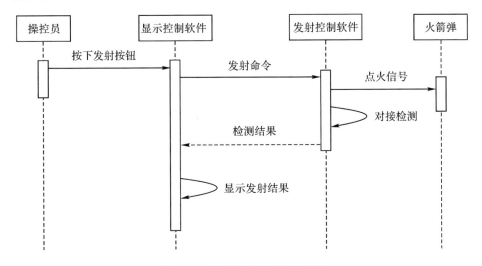

图 4－4　火箭弹车内发射时序图

（2）车外发射。待发射阵地发射控制流程完毕且正常后,按下装置的发射按钮,火箭弹发射控制流程即进入发射工况,完成火箭弹的发射。

车外发射的时序如图 4－5 所示。

4.弹道解算

弹道解算软件部署在火箭炮控制箱任务服务框架软件,实现弹道计算功能。

弹道解算的功能主要包括:能够根据阵地坐标、目标坐标、气象数据、弹种、弹重、药重和药温进行弹道计算,解算出射角、射向、飞行控制参数和弹载惯导初始参数,实现弹道计算功能;能够兼容多弹种的弹道计算;任务服务框架软件能够对多发弹打击单目标和多发弹打击多目标情况进行优化,从而能够减少弹道解算时间。

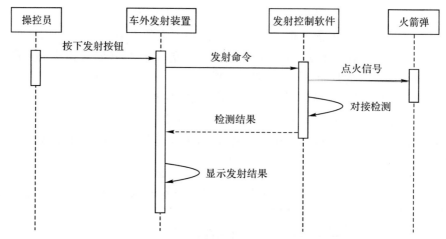

图 4-5　火箭弹车外发射时序图

弹道解算的流程如图 4-6 所示,具体流程如下:

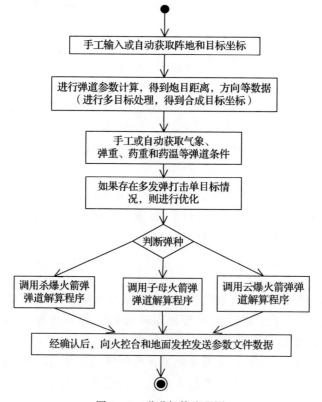

图 4-6　弹道解算流程图

（1）显示控制软件将弹道解算参数通过以太网发送给任务服务框架软件；

（2）任务服务框架软件根据弹种和射击目标调用相应弹道解算模块,将弹道解算参数调用弹道解算软件后开始进行弹道解算；

（3）弹道解算软件将解算结果返回给任务服务框架软件；

（4）任务服务框架软件收到解算结果时,它根据弹种和目标点为每发弹重新组合惯导文件和飞控文件。

弹道计算的时序如图 4 - 7 所示,任务服务框架软件在完成弹道解算模块之后,将解算结果通过以太网发送给显示控制软件,同时生成惯导文件和控制文件,通过以太网发送给发射控制软件。

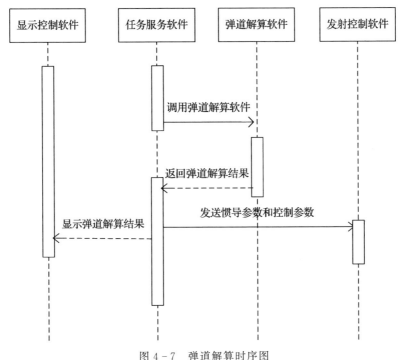

图 4 - 7　弹道解算时序图

5.用炮收炮

用炮收炮控制功能指可完成自动放列、自动收炮和单步执行等功能,具体如下：

（1）自动放列控制功能。可对行军固定器进行解脱,对千斤顶进行放列、支撑到位等操作。具体实现是炮车控制模块接收到操控显示台发送的自动放列命令后,控制行军固定器解脱—千斤顶放列—千斤顶支撑到位等一系列动作。

（2）自动收炮控制功能。可完成火箭炮的收炮动作,包括火炮归零、千斤顶收起、行军固定器锁紧等操作。具体实现是炮车控制模块接收到操控显示台发送的自动收炮命令后,控制传动上电—火炮归零—千斤顶收起等一系列动作。

（3）单步执行控制功能。可实现固定器的解脱、锁紧,千斤顶的放列、收起等的单步操作。具体实现是炮车控制模块接收到操控显示台发送的解脱、千斤顶放列、千斤顶收起、传动、归零和停止等命令后,控制行军固定器解脱、千斤顶放列和千斤顶支撑到位、千斤顶收起、传动上电、火炮归零和停止等动作的执行。

用炮收炮由火控系统的炮车控制软件和显控控制软件协作完成,具体流程如图 4-8 所示。在显示控制软件的用炮收炮界面,点击自动用炮、自动收炮、固定器解脱、固定器锁紧、千斤顶放列、千斤顶收起、启动传动、传动停止的按钮,显示控制软件发送相应命令给炮车控制软件,炮车控制软件调用自动用炮、自动收炮、固定器解脱等相应模块,完成相应操作,并将结果返回给显示控制软件,显示控制软件在界面上对操作结果进行显示。

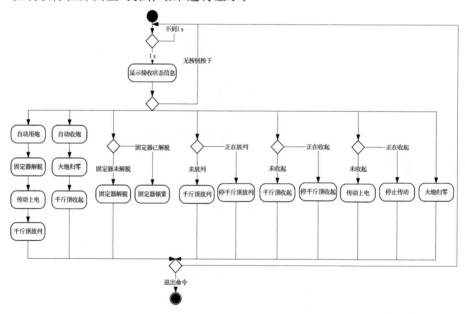

图 4-8　用炮收炮流程图

6.操瞄调炮

操瞄调炮功能是指火控系统在调炮过程中,可通过车载定位定向导航装置检测到的状态信息,使火箭炮的身管姿态自动达到指定目标,达到要求的调炮精度。

在整个调炮过程中须增加调炮安全性判断，主要包括：

(1)左右箱未锁紧不能自动操瞄调炮；

(2)行军固定器未解脱不能自动操瞄调炮；

(3)千斤顶未支撑到位不能自动操瞄调炮；

(4)传动未开启不能自动操瞄调炮；

(5)自动/半自动开关处于自动状态时，才可以自动操瞄调炮；

(6)惯导数据异常或跳变时，能够终止自动操瞄调炮。

操瞄调炮流程如图 4-9 所示，由火控系统炮车控制软件和显示控制软件协作完成。具体功能的实现流程为：炮车控制软件接收操控显示台软件发出调炮诸元信息后开始解耦运算，并根据车载定位定向导航装置反馈的火箭炮身管姿态信息，实时给出调炮控制需要的 D/A 电压信号，当车载定位定向导航装置反馈的火箭炮身管姿态信息与射击诸元误差小于 0.5 mil 时，炮车控制模块进行关使能，提示调炮到位。

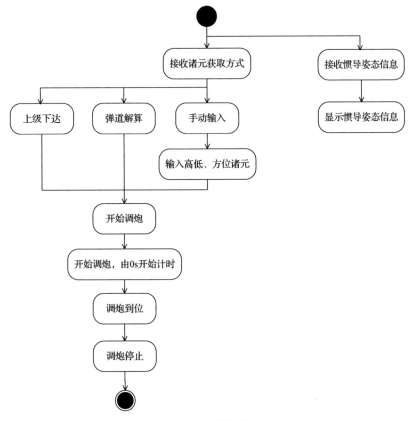

图 4-9　操瞄调炮流程图

7.自动调炮

自动调炮功能指系统可根据给定的调炮诸元完成火箭炮的自动调炮。

自动调炮功能在火箭弹的发射控制流程中执行,具体实现由显示控制软件和炮车控制软件协作完成,自动调炮的时序图如图 4-10 所示。显示控制软件通过指挥车上级下达、弹道解算和人工输入三种方式获取到调炮诸元后,发送调炮诸元给炮车控制软件;炮车控制软件收到调炮诸元信息以后进行解算,并且开始调炮,同时接收方位/高低传感器的数据,实时地将身管姿态信息和调炮到位信息返回给显示控制软件,显示控制软件对其进行显示。

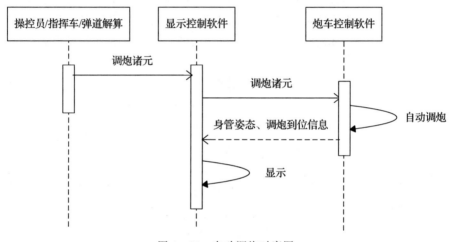

图 4-10　自动调炮时序图

8.嵌入式训练

火控系统具有嵌入式训练功能。嵌入式训练功能主要包括训练科目练习、训练科目考核以及训练管理等功能,可以使炮班成员熟练掌握该炮火控、电气、通信等设备的操作使用方法及要领,熟练操作装备。其中训练科目能够覆盖用户操作训练、炮班协同训练以及分队合成训练等训练内容。训练科目练习与考核包括训练科目选择、实时仿真相关单体设备的反馈数据信息、全程记录训练过程、训练成绩评定和题目讲解等功能。训练管理功能包括参训人员管理、训练效果评估以及训练相关数据的导入导出等功能。

嵌入式训练功能由嵌入式训练软件实现,由显示控制软件、任务服务框架软件、嵌入式训练软件协作完成。任务服务框架软件通过调用嵌入式训练软件完成系统模拟训练功能,任务服务框架软件开机后加载嵌入式训练软件,并判断通信接收数据类型,如果是模拟训练数据,则通过应用程序接口(Application Programming Interface,API)发送给嵌入式训练软件,嵌入式训练软件返回相应的模拟设备反馈数据,任务服务框架软件将模拟数据发送给显示控制软件。嵌入式训练软件的加载调用执行流程图如图 4-11 所示。

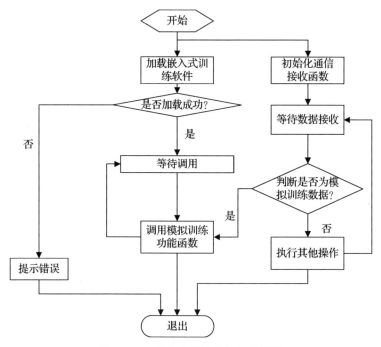

图 4-11　嵌入式训练软件加载调用

9.嵌入式诊断

具有嵌入式故障诊断功能。嵌入式故障诊断功能指的是从设备的故障现象入手,合理利用自检信息、专家经验和专家系统的推理判断功能,提供专家级的检测维修经验;可以指导炮班人员正确选用各种故障诊断手段,按最佳检测过程,预测故障点或进一步检测点;在检测中,向炮班人员提供各类咨询,包括各部分功能和运行参数,达到迅速定位故障并上报,为进一步维修做准备。

故障诊断的范围主要包括炮长显示台、操控显示台、车载惯导装置、发射控制箱、火箭炮控制箱等。故障诊断树的深度平均不超过 8 层,平均信息交换次数不超过 8 次。具有示教咨询功能,可在故障诊断专家系统指导下完成故障诊断定位后,利用故障诊断专家系统的解释功能显示诊断路径,对炮班人员进行示教。

嵌入式故障诊断的时序如图 4 - 12 所示。

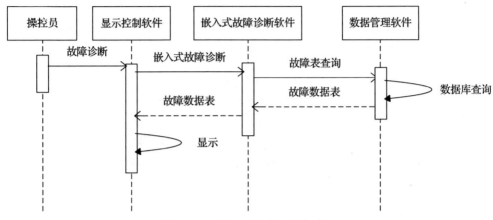

图 4 - 12　嵌入式故障诊断的时序

火控系统的嵌入式故障诊断由显示控制软件、嵌入式故障诊断软件、数据管理软件协作完成。数据管理软件中存放嵌入式故障的数据表,显示控制软件在启动时调用嵌入式故障诊断软件,在故障诊断界面中点击故障诊断,便可调用嵌入式故障诊断软件的相关函数,从数据库中读取故障数据表,并将结果返回给显示控制软件进行显示。

10.惯导操作

惯导操作功能主要是对车载惯性定位定向导航装置进行各种相关操作,主要包括:

(1)车载惯导装置软件向任务服务框架软件发送当前的状态,任务服务框架软件将状态结果返回给显控,显示控制软件根据接收到的结果对状态进行显示。其中,车载惯导装置的状态共包括"未知""启动中""启动完毕""寻北中""导航中""导航超时"六种状态。

(2)在显控界面上选择车载惯导装置的初始装定坐标方式,共有卫星定位信息、读取校正点和人工输入三种方式:选择卫星定位方式时,由卫星导航的坐标作为惯导初始装定坐标;选择人工输入方式时,在显示控制软件界面中完成初始装定坐标的输入;选择校正点方式时,由当前校正点的坐标作为惯导装定的初始坐标。

(3)任务服务框架软件向车载惯导装置软件发送开始寻北命令,使惯导进入寻北状态。

（4）寻北结束后，车载惯导装置软件进入导航状态，并将当前的导航信息包括经纬度、航向角、纵倾角、定向角和横倾角等，发送给任务服务框架软件，任务服务框架软件再将结果返回给显示控制软件，显示控制软件对车载惯导当前的导航信息进行显示。

（5）任务服务框架软件发送读取安装误差命令给车载惯导装置软件，车载惯导装置软件返回当前的安装误差，任务服务框架软件接收到安装误差数据后，发送给显示控制软件进行显示。

惯导操作流程如图4-13所示。

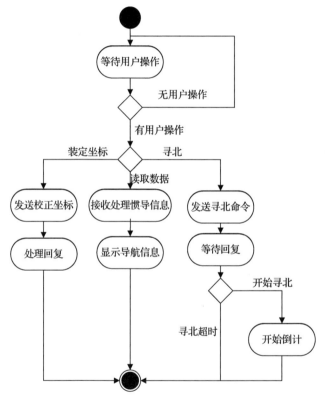

图4-13　惯导操作状态图

4.1.3　外部接口设计

火控系统外部接口主要包括与指挥车接口、与储运发箱接口、与火箭炮接口、与检测维修车接口、与加注枪接口、人机交互接口、与外置光驱接口等。

火控系统外部接口示意图如图 4 - 14 所示。

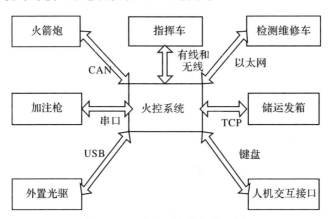

图 4 - 14　火控系统外部接口图

外部接口描述见表 4 - 3。

表 4 - 3　火控系统软件外部接口描述

接口名称	功能描述	接口类型	优先级	发送方	接收方
与指挥车接口	接收指挥车发送的气象报文、射击口令、目标坐标等	有线/无线	1	指挥车	火控系统
	向指挥车上报阵地坐标、炮车状态、弹药消耗等	有线/无线	1	火控系统	指挥车
与储运发箱接口	完成控制文件、星历文件、对时报文等的装定	TCP	1	火控系统	储运发箱
	完成接收参数装定结果返回,并显示结果	TCP	1	储运发箱	火控系统
	完成车载主惯导和弹载惯导的传递对准	CAN	1	火控系统	储运发箱
	用于识别左数据转发器	CAN	1	火控系统	储运发箱
	用于识别右数据转发器	CAN	1	火控系统	储运发箱

续表

接口名称	功能描述	接口类型	优先级	发送方	接收方
与火箭炮接口	发送 55 芯插接、行军固定器解脱锁紧,千斤顶收放,左右箱解脱锁紧、传动,自动/半自动设置命令	I/O 信号	1	火控系统	火箭炮(安全联锁箱)
	接收 55 芯插接、行军固定器解脱锁紧,千斤顶收放,左右箱解脱锁紧、传动,自动/半自动的反馈信号	I/O 信号	1	火箭炮(安全联锁箱)	火控系统
	接收高低姿态信息,自检反馈信息	CAN 总线	1	火箭炮(高低传感器)	火控系统
	接收方位信号及自检反馈信息	CAN 总线	1	火箭炮(方位传感器)	火控系统
	采集高低驱动器输出电流参数及自检反馈信息	CAN 总线	1	火箭炮(高低驱动器)	火控系统
	采集方位驱动器输出电流参数及自检反馈信息	CAN 总线	1	火箭炮(方位驱动器)	火控系统
	火控系统发送自检报文给半自动操纵装置	CAN 总线	1	火控系统	火箭炮(半自动操纵装置)
	接收半自动操纵装置自检反馈报文	CAN 总线	1	火箭炮(半自动操纵装置)	火控系统
与检测维修车接口	进行各单体自检,查询发动机电流、转速、氮气压力,查询液位油污,查询方位驱动器电流,查询高低角度,查询方位角度,查询寿命参数	TCP	1	火控系统	检测维修车
	各单体自检结果回复,发动机电流、转速、氮气压力查询回复,液位油污查询回复,方位驱动器电流查询回复,高低角度查询回复,方位角度查询回复,寿命参数查询回复	TCP	1	检测维修车	火控系统

续表

接口名称	功能描述	接口类型	优先级	发送方	接收方
与加注枪接口	对制导火箭弹卫星定位装置进行加注	RS232串口	1	火控系统	加注枪
	火箭弹卫星定位装置加注结果回复	RS232串口	1	加注枪	火控系统
人机交互接口	可以在界面上进行发射控制、系统巡检、系统设置、嵌入式训练、故障诊断、惯导寻北等功能的操作			操作员	火控系统
与外置光驱接口	进行地图数据的读取和导入	USB		外置光驱	火控系统

1.与指挥车接口（HKXT_IF_ZHC）

选择有线/无线通信状态，通过设置本炮和上级指挥系统的身份编码，将本炮快速注册进入指挥通信网。通过报文接收和发送完成武器装备信息化、现代化。

2.与储运发箱接口（HKXT_IF_ZYFX）

与贮运发箱的接口主要完成通过以太网进行弹上控制文件的下发和文件接收结果的上报。

3.与火箭炮接口（HKXT_IF_HJP）

通过 CAN 总线接收火箭炮高低/方位传感器发送的炮塔坐标系下定向管高低、方位角度信息，完成火炮归零和操瞄解耦；采集高低驱动器输出电流参数。

通过 I/O 接口进行行军固定器的解脱锁紧、千斤顶收放、开传动、置自动/半自动、开电源、关电源。

4.与检测维修车接口（HKXT_IF_JCWX）

通过 TCP 与检测维修车进行信息交互；另外预留与检测维修车的串口通信，实现检测指令和状态信息传输。

5.与加注枪接口(HKXT_IF_JZQ)

通过串口可以完成各型制导火箭弹军码的注入。

6.与人机交互接口(HKXT_IF_RJ)

火控系统的人机接口主要完成三种功能:操作人员的控制和参数输入;车内和车外发射方式的转换;发射信号的输入。

7.与外置光驱接口(HKXT_IF_WZGQ)

外置光驱通过炮长显示台的 USB 接口接入火控系统,火控系统完成地图数据的读取和导入。

4.1.4　内部接口

火控系统采用了以太网、CAN 和串口完成系统内部各个节点之间的数据及信息交换。火控系统各个节点的数据通信接口连接关系如图 4-15 所示。

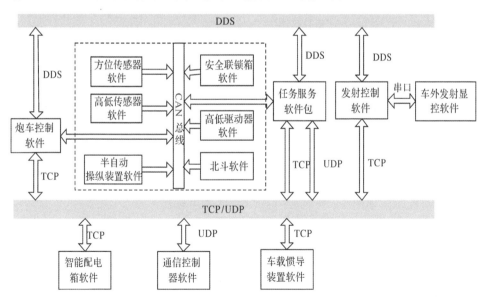

图 4-15　火控系统软件数据通信接口连接示意图

其中:显示控制软件包(显示控制软件、报文编解码软件和通信服务软件)、任务服务软件包(任务服务框架软件、弹道解算软件、报文编解码软件、数据管理软件、嵌入式训练软件、嵌入式故障诊断软件、通信服务软件）、发射控制软件和炮车控制软件之间采用 DDS 进行数据传输；通信控制器软件和任务服务软件包之间采用 UDP 进行数据传输；炮车控制软件、发射控制软件、车载惯导装置软件、任务服务软件包通过 TCP 进行数据传输；任务服务软件包与现代制导火箭中的安全联锁箱软件、高低传感器软件、方位传感器软件、车载抗干扰北斗差分一体机、高低驱动器软件和半自动操纵台软件通过 CAN 总线进行通信。

1.报文编解码软件接口（CSCI_BWBJM）

接口标识图如图 4-16 所示。接口关系描述见表 4-4。

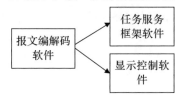

图 4-16 报文编解码软件接口图

表 4-4 报文编解码与其他软件接口关系描述

接口名称	接口描述	接口类型	发送方名称/标识符	接收方名称/标识符
任务服务框架软件接口	任务服务框架软件调用报文编解码服务，实现报文的编/解码功能	函数接口	报文编解码软件	任务服务框架软件
显示控制软件接口	显示控制软件调用报文编解码服务，实现报文的编/解码功能	函数接口	报文编解码软件	显示控制软件

2.车载惯导装置软件接口（CSCI_CZGD）

接口标识图如图 4-17 所示。接口关系描述见表 4-5。

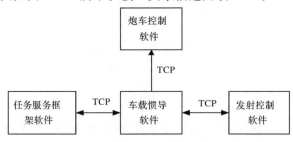

图 4-17 车载惯导装置软件接口图

表 4 − 5　车载惯导装置软件与其他软件接口关系描述

接口名称	接口描述	接口类型	发送方名称/标识符	接收方名称/标识符
炮车控制接口	火箭炮姿态信息，满足炮车控制软件操瞄调炮功能需求	TCP	车载惯导装置软件	炮车控制软件
发射控制软件接口	传递对准开始/结束命令和传递对准信息	TCP	发射控制软件	车载惯导装置软件
			车载惯导装置软件	发射控制软件
任务服务框架软件接口	任务服务框架软件转发的显示显控自检，坐标装定，寻北，修正参数查询指令以及惯导回复的自检结果，状态，定位、导航信息	TCP	发射控制软件	车载惯导装置软件
			车载惯导装置软件	发射控制软件
任务服务框架软件接口	任务服务框架软件转发北斗发送的炮车定位信息给车载惯导装置软件，满足车载惯导的组合导航	CAN	车载抗干扰北斗差分一体机软件	车载惯导装置软件

3.弹道解算软件接口（CSCI_DDJS）

接口标识图如图 4 − 18 所示。接口关系描述见表 4 − 6。

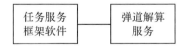

图 4 − 18　弹道解算软件接口图

弹道解算软件与其他软件接口的关系描述见表 4 − 6。

表 4 - 6　弹道解算与其他软件接口关系描述

接口名称	接口描述	接口类型	发送方名称/标识符	接收方名称/标识符
任务服务框架软件接口	任务服务框架软件调用弹道解算服务,输入弹道解算参数条件,弹道解算服务对输入参数合理性进行判断,若合理得到解算结果,解算结果包括调炮诸元和飞控文件。	函数接口	弹道解算软件	任务服务框架软件

4.发射控制软件接口(CSCI_FK)

接口标识图如图 4 - 19 所示。接口关系描述见表 4 - 7。

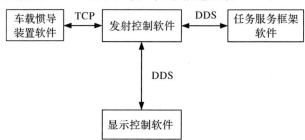

图 4 - 19　发射控制软件接口图

表 4 - 7　发射控制软件与其他软件接口关系描述

接口名称	接口描述	接口类型	发送方名称/标识符	接收方名称/标识符
车载惯导装置接口	传递对准开始/结束命令和传递对准信息	TCP	发射控制软件	车载惯导装置软件
			车载惯导装置软件	发射控制软件
任务服务框架软件	发射控制软件发送流程状态,任务服务框架软件发送星历文件,飞控文件等	DDS	发射控制软件	任务服务框架软件
			任务服务框架软件	发射控制软件
显示控制软件	显示控制软件发送弹种,弹数,以及流程控制指令,发射控制软件发送发射流程状态	DDS	发射控制软件	显示控制软件
			显示控制软件	发射控制软件
			车外发射显示控制软件	发射控制软件

5.嵌入式故障诊断软件接口(CSCI_QRZD)

接口标识图如图 4-20 所示。接口关系描述见表 4-8。

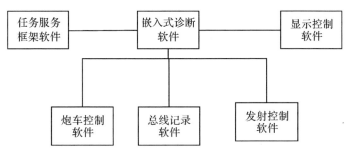

图 4-20   嵌入式故障诊断接口标识图

表 4-8   嵌入式故障诊断软件与其他软件接口关系描述

接口名称	接口描述	接口类型	发送方名称/标识符	接收方名称/标识符
任务服务框架软件	嵌入式故障诊断软件发送自检命令,任务服务框架软件回复自检结果	DDS 接口	嵌入式故障诊断	任务服务框架软件
			任务服务框架软件	嵌入式故障诊断
显示控制软件	嵌入式故障诊断软件发送自检命令,显示控制软件回复自检结果	DDS 接口	嵌入式故障诊断	显示控制软件
			显示控制软件	嵌入式故障诊断
炮车控制软件	嵌入式故障诊断软件发送自检命令,炮车控制软件回复自检结果	DDS 接口	嵌入式故障诊断	炮车控制软件
			炮车控制软件	嵌入式故障诊断
总线记录软件	嵌入式故障诊断软件发送自检命令,总线记录软件回复自检结果	DDS 接口	嵌入式故障诊断	总线记录软件
			总线记录软件	嵌入式故障诊断
发射控制软件	嵌入式故障诊断软件发送自检命令,发射控制软件回复自检结果	DDS 接口	嵌入式故障诊断	发射控制软件
			发射控制软件	嵌入式故障诊断

6.任务服务框架软件接口（CSCI_KJ）

接口标识图如图4-21所示。接口关系描述见表4-9。

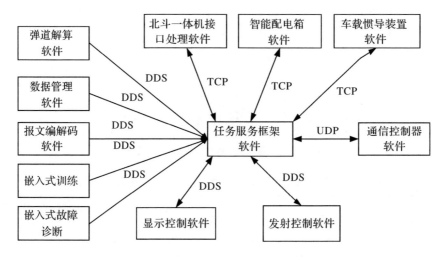

图4-21　任务服务框架软件接口标识图

表4-9　任务服务框架软件与其他软件接口关系描述

接口名称	项目唯一标识符	接口描述	接口类型	发送方名称/标识符	接收方名称/标识符
报文编解码接口	KJ_IF_BWBJM	任务服务框架软件调用报文编解码服务，实现报文的编/解码功能	函数接口	报文编解码软件	任务服务框架软件
弹道解算接口	KJ_IF_DDJS	任务服务框架软件调用弹道解算服务，输入弹道解算参数条件，弹道解算服务对输入参数合理性进行判断，若合理得到解算结果，解算结果包括调炮诸元和飞控文件	函数接口	弹道解算软件	任务服务框架软件

续表

接口名称	项目唯一标识符	接口描述	接口类型	发送方名称/标识符	接收方名称/标识符
数据管理接口	KJ_IF_SJGL	任务服务框架软件调用数据管理服务接口,实现对数据的存储、更新、查询、删除等功能	函数接口	数据管理软件	任务服务框架软件
嵌入式训练接口	KJ_IF_QRXL	任务服务框架软件根据显示控制软件的指令和其他软件报文信息调用嵌入式训练服务函数	函数接口	嵌入式训练	任务服务框架软件
嵌入式故障诊断接口	KJ_IF_QRZD	任务服务框架软件根据显示控制软件的指令和其余软件报文信息调用嵌入式故障诊断服务函数	函数接口	嵌入式故障诊断	任务服务框架软件
发射控制软件接口	KJ_IF_FSKZ	发射控制软件发送流程状态,任务服务框架软件发送星历文件,飞控文件等	DDS	发射控制软件	任务服务框架软件
				任务服务框架软件	发射控制软件
显示控制软件接口		显示控制软件通过DDS和任务服务框架软件进行通信,调用任务服务框架软件的弹道解算,数据管理,嵌入式训练,嵌入式故障诊断等的服务,同时,通过框架转发机制实现和卫星对时模块,车载惯导装置软件的控制和信息显示	函数接口	显示控制软件	任务服务框架软件
				任务服务框架软件	显示控制软件
通信控制器软件接口	KJ_IF_TXKZ	通过 UDP 进行和指挥车的指挥报文接收和发送	UDP	任务服务框架软件	通信控制器软件
				通信控制器软件	任务服务框架软件

续表

接口名称	项目唯一标识符	接口描述	接口类型	发送方名称/标识符	接收方名称/标识符
车载惯导装置软件接口	KJ_IF_CZGD	任务服务框架软件转发的显示显控自检,坐标装定,寻北,修正参数查询指令以及惯导回复的自检结果,状态,定位、导航信息	TCP	发射控制软件	车载惯导装置软件
				车载惯导装置软件	发射控制软件
智能配电箱软件接口	KJ_IF_ZNPD	任务服务框架软件发送自检和配电状态查询信息,智能配电箱软件返回配电状态,电压、电流等信息	以太网	任务服务框架软件	智能配电箱软件
				智能配电箱软件	任务服务框架软件
车载抗干扰北斗差分一体机软件接口	KJ_IF_XLDS	任务服务框架软件转发显示控制软件发送的自检,星况查询,星历申请指令,星历文件读卡信息和通信申请,星历对时软件返回查询结果,星历文件,读卡信息结果,和通信申请结果	TCP	任务服务框架软件	北斗一体机接口处理软件
				北斗一体机接口处理软件	任务服务框架软件

7.炮车控制软件接口(CSCI_PCKZ)

接口标识图如图 4-22 所示。接口关系描述见表 4-10。

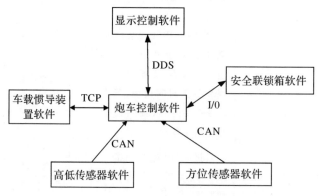

图 4-22　炮车控制软件接口类型图

表 4－10　炮车控制软件与其他软件接口关系描述

接口名称	项目唯一标识符	接口描述	接口类型	发送方名称/标识符	接收方名称/标识符
车载惯导装置接口	PCKZ_IF_CZGD	火箭炮姿态信息,满足炮车控制软件操瞄调炮功能需求	TCP	车载惯导装置软件	炮车控制软件
显示控制软件接口	PCKZ_IF_XK	显控发送调炮诸元,单步控制指令,用炮收炮指令,炮车控制软件发送调炮状态,火箭炮联锁状态信息	DDS	显示控制软件	炮车控制软件
				炮车控制软件	显示控制软件
方位传感器软件接口	PCKZ_IF_FWCG	方位传感器软件周期性的发送方位信息,炮车控制软件接收方位传感器发送的周期性数据	CAN	方位传感器软件	炮车控制软件
高低传感器软件接口	PCKZ_IF_GDCG	高低传感器软件周期性的发送炮管的高低信息,炮车控制软件接收高低信息	CAN	高低传感器软件	炮车控制软件
安全联锁箱软件接口	PCKZ_IF_AQLS	炮车控制软件发送调炮的高低电平信号给安全连锁箱软件,安全联锁箱收到这些电平信号,然后执行相应的操作	I/O	炮车控制软件	安全联锁箱软件

8. 嵌入式训练软件接口(CSCI_QRXL)

接口标识图如图 4－23 所示。接口关系描述见表 4－11。

图 4-23　嵌入式训练接口标识图

表 4-11　嵌入式训练软件与其他软件接口关系描述

接口名称	接口描述	接口类型	发送方名称/标识符	接收方名称/标识符
任务服务框架软件	任务服务框架软件根据显示控制软件的指令和其他软件报文信息调用嵌入式训练服务函数	函数接口	嵌入式训练	任务服务框架软件

9.数据管理软件接口(CSCI_SJGL)

接口标识图如图 4-24 所示。接口关系描述见表 4-12。

图 4-24　数据管理软件接口图

表 4-12　数据管理软件与其他软件接口关系描述

接口名称	接口描述	接口类型	发送方名称/标识符	接收方名称/标识符
框架接口	任务服务框架软件调用数据管理服务接口,实现对数据的存储、更新、查询、删除等功能	函数接口	数据管理软件	任务服务框架软件

10.车载抗干扰北斗差分一体机软件接口(CSCI_BDJK)

接口标识图如图 4-25 所示。接口关系描述见表 4-13。

图 4 - 25　北斗一体机软件接口图

表 4 - 13　北斗一体机接口处理软件与其他软件接口关系描述

接口名称	项目唯一标识符	接口描述	接口类型	发送方名称/标识符	接收方名称/标识符
任务服务框架接口	BDJK_IF _KJ	任务服务框架软件转发显示控制软件发送的自检、星况查询、星历申请指令、读卡和通信申请,星历对时软件返回查询结果、星历文件读卡信息和通信申请结果	CAN	任务任务服务框架软件服务任务服务框架软件	北斗一体机接口处理软件
				北斗一体机接口处理软件	任务服务任务服务框架软件

11.显示控制软件接口(CSCI_XK)

接口标识图如图 4 - 26 所示。接口关系描述见表 4 - 14。

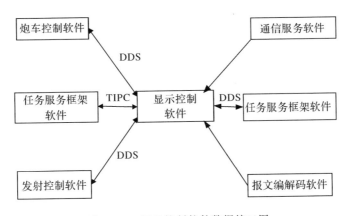

图 4 - 26　显示控制软件数据接口图

表 4 - 14　显示控制软件与其他软件接口关系描述

接口名称	接口描述	接口类型	发送方名称/标识符	接收方名称/标识符
任务服务框架接口	显示控制软件通过 DDS 和任务服务框架软件进行通信,调用任务服务框架软件的弹道解算,数据管理,嵌入式训练,嵌入式故障诊断等的服务,同时,通过框架转发机制实现和卫星对时模块,车载惯导装置软件的控制和信息显示	函数接口	显示控制软件	任务服务框架软件
			任务服务框架软件	显示控制软件
	显示控制软件显示一些系统的 CPU 温度、工装电流、网络连接状态等信息,显示控制软件发送一些系统更新配置命令	TIPC	显示控制软件	任务服务框架软件
			任务服务框架软件	显示控制软件
发射控制接口	显示控制软件发送弹种,弹数,以及流程控制指令,发射控制软件发送发射流程状态	DDS	发射控制软件	显示控制软件
			显示控制软件	发射控制软件
炮车控制接口	显控发送调炮诸元,单步控制指令,用炮收炮指令,炮车控制软件发送调炮状态,火箭炮联锁状态信息	DDS	显示控制软件	炮车控制软件
			炮车控制软件	显示控制软件
通信服务软件接口	显示控制软件调用通信服务软件实现对显控数据的接收和发送	函数	通信服务	显示控制软件
报文编解码软件接口	显示控制软件调用报文编解码软件实现对显控报文的编码和解码	函数	报文编解码	显示控制软件

12.总线记录软件接口(CSCI_ZXJL)

接口标识图如图 4 - 27 所示。接口关系描述见表 4 - 15。

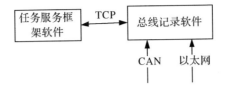

图 4 - 27　总线记录软件接口图

表 4 - 15　总线记录软件与其他软件接口关系描述

接口名称	接口描述	接口类型	发送方名称/标识符	接收方名称/标识符
CAN 总线	记录 CAN 总线上的一切数据	CAN	CAN	总线记录
以太网	记录以太网的一切数据	以太网	以太网	总线记录
框架接口	任务服务框架软件进行记录数据查询	以太网	任务服务框架软件	总线记录软件
			总线记录软件	任务服务框架软件

13.智能配电箱软件接口(CSCI_ZNPD)

接口标识图如图 4 - 28 所示。接口关系描述见表 4 - 16。

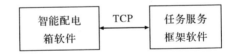

图 4 - 28　智能配电箱软件与其他软件接口图

表 4 - 16　智能配电箱软件与其他软件接口关系描述

接口名称	接口描述	接口类型	发送方名称/标识符	接收方名称/标识符
框架接口	任务服务框架软件发送自检和配电状态查询信息,智能配电箱软件返回配电状态,电压、电流等信息	TCP	任务服务框架软件	智能配电箱软件
			智能配电箱软件	任务服务框架软件

4.1.5　安全性设计

为保证火控系统软件安全性,软件设计应考虑对以下危险操作采取安全防护措施:

(1)在进行制导火箭弹发射前准备工况流程时,在按下发射按钮前,操作人员可随时终止发射流程;

(2)遇到错误情况,实时显示并及时提醒操作人员,按下发射按钮前,某发弹处于关键错误状态时,发射控制软件自动阻止该火箭弹的发射;

(3)保险锁在非正常流程状态下处于打开状态时,实时提醒操作人员,确保系统的安全性;

(4)在车载惯性定位定向导航装置启动和寻北过程中,不允许调炮;

(5)在自动操瞄调炮过程中,不允许寻北,防止损坏车载惯性定位定向导航装置;

(6)在上一次自动操瞄调炮未完成时,为防止失控,不允许再次自动操瞄调炮;

(7)在执行自动操瞄调炮操作之前,增加确认操作;

(8)左右箱未锁紧不能自动操瞄调炮;

(9)行军固定器未解脱不能自动操瞄调炮;

(10)千斤顶未支撑到位不能自动操瞄调炮;

(11)传动未开启不能自动操瞄调炮;

(12)惯导数据异常或跳变能够终止自动操瞄调炮;

(13)删除存储的报文数据时,需要进行确认,以防止误删重要信息;

(14)传递对准过程中,若惯导数据异常,则终止发射流程;

(15)软件能够对边界值进行限制,超界时能够给出报警提示信息。

4.1.6　可靠性设计

(1)对于错误的界面输入,软件应具有错误信息提示功能;

(2)对于错误的数据帧,软件应具有容错处理措施;

(3)对于相同的输入,能得到相同的处理和输出结果,对于错误输入应具有容错处理措施;

(4)火控系统软件的连续无故障运行时间不低于 8 h。

4.1.7　易用性设计

拥有人机界面的软件,其界面设计应简洁友好、操作简单,符合部队使用习惯:

(1)系统提示、标注和菜单均采用中文;

(2)软件界面提供默认参数设置,减少用户输入;

(3)菜单一般不超过三层,一般情况下,每层菜单选项不超过九个,多层菜单可在同一屏幕下显现。

4.1.8　可维护性维护性设计

为增强系统软件的可维护性,需采取以下措施:

(1)建立明确的软件质量目标,提高软件开发质量;

(2)尽可能采用先进的软件开发技术和工具,比如采用维护性较好的面向对象的软件开发方法设计的软件;

(3)严格按照软件质量保证计划对软件设计和开发的各个审核点进行审核;

(4)选择可维护的编程语言进行软件设计;

(5)在软件开发的各个阶段,及时改进软件的程序设计文档,提高程序的可阅读性。

4.1.9　可移植性设计

在系统软件的开发过程中,为了今后能够方便移植到国产化软硬件平台,需要满足如下设计原则:

(1)在软件设计过程中采用的程序设计语言和开发工具能够方便移植到国产软硬件平台;

(2)在软件设计过程中选用的第三方软件库能够移植到国产平台;

(3)使用标准库函数,并且把它们和 ANSI/ISO C 标准中定义的头文件放在一起使用;

(4)尽可能使所写的程序适用于所有的编译程序,而不是仅仅适用于现在所使用的编译程序;

（5）把不可移植的代码分离出来；若某段程序无法确定是否可移植，应给出注释。

4.2 主要配置项软件设计

下面以发射控制软件和炮车控制软件的软件配置项设计过程为例，介绍软件配置项设计过程。

4.2.1 发射控制软件

1.软件基本功能要求

（1）自检功能。接收到自检指令后，进行自检，并返回自检结果。

（2）通信功能。

1）通过 DDS 接收显示控制软件发送的自检命令，箱形、弹种、管号、引信选择命令，对接检测命令，技术阵地开始、发射阵地开始、流程停止命令等；

2）通过 DDS 向显示控制软件发送发射控制信息：自检结果，发射箱型，发射弹种，发射弹数，发射方式，管号，引信模式选择情况，对接结果，参数装定情况，卫星星历、对时申请状态，发射流程执行情况，发射结果等；

3）通过 DDS 接收任务服务框架软件发送的卫星星历数据、制导弹弹道参数和对时数据；

4）通过 DDS 向任务服务框架软件发送对时申请命令；

5）通过 TCP 向车载惯导装置软件发送传递对准开始和停止命令；

6）通过 TCP 接收数据转发器软件发送的对接检测回复、弹载计算机自检回复、弹上设备自检回复、引信模式装定回复、卫星一次对时回复、星历参数装定回复、卫星二次对时回复、控制系统参数装定回复、弹载惯导初始参数装定回复、传递对准查询回复、启动导航回复、卫星末次对时回复、热电池激活状态回复等；

7）通过 TCP 向数据转发器软件发送对接检测命令、弹载计算机自检命令、弹上设备自检命令、引信模式装定命令、卫星一次对时命令、星历参数装定命令、卫星二次对时命令、控制系统参数装定命令、弹载惯导初始参数装定命令、对准

结果查询命令、启动惯导命令、卫星末次对时命令、热电池激活状态查询命令等;

8)通过 CAN 总线向数据转发器软件发送 IP 地址设置命令;

9)通过 RS232 接收军码加注枪软件发送的军码加注信息;

10)通过 RS232 向军码加注枪软件发送军码加注返回信息。

(3)参数装定功能。具有对装填制导火箭弹进行弹上设备自检、装定星历参数、卫星粗对时、装定控制系统参数、发送自动用炮完毕命令、查询弹上设备自检结果、惯导初始对准命令、查询传递对准结果、卫星精对时、转导航和热电池激活查询等参数装定功能。

(4)检测功能。

1)能对火箭弹的对接情况进行检测,并可自动进行弹种识别;

2)能对热电池激活回路和发动机点火回路电阻进行测量;

3)能对发射流程每一步的正确性进行判断。

(5)发射方式判断功能。能判断车内/车外开关状态、保险锁状态以及发射按钮状态。

(6)火箭弹发射功能。能够按照预定的发射流程,完成对制导火箭弹的发射。

(7)军码注入功能。具有制导火箭弹军码加注功能。

(8)应急发射功能。在车载惯导故障、车载抗干扰北斗差分一体机故障、自动调炮功能故障且半自动调炮功能正常这三种故障模式下,能够进行应急发射。

2.硬件环境

硬件环境见表 4 - 17 和表 4 - 18。

表 4 - 17　宿主机硬件环境要求表

序　号	硬件名称	配置需求
1	CPU	Inter(R) Core(TM)i5 - 3 230 M 2.60 GHz
2	外存	不低于 500 GB
3	内存	不低于 4 GB
4	通信接口	USB 口、以太网口

表 4 – 18　目标机硬件环境要求表

序　号	硬件名称	配置需求
1	CPU	AMD LX800
2	外存	不低于 1 GB
3	内存	不低于 256 MB
4	主频	500 MHz
5	通信接口	CAN 口:2 个 串口:2 个,RS232 接口 网口:1 个,10 MHz/100 MHz 自适应

3.软件环境

软件环境见表 4 – 19。

表 4 – 19　计算机软件环境

软件种类	软件名称	软件版本
操作系统	VxWorks5.5	5.5
应用支撑软件	LX800_BSP 包	
测试软件	C++ Test 4.2	

4.软件功能需求设计

发射控制软件作为现代制导火箭火控系统软件的组成部分,部署在发射控制箱,所需完成的 14 种功能具体包括系统自检、火箭弹箱型选择、火箭弹数选择、火箭弹种选择、火箭弹检测、发射方式判断、火箭弹参数装定、火箭弹发射前准备、火箭弹发射、与显控软件通信、与任务服务框架软件通信、与车载惯导装置软件通信、与数据转发器软件通信、与军码加注枪软件通信,软件用例设计如图 4 – 29 所示。

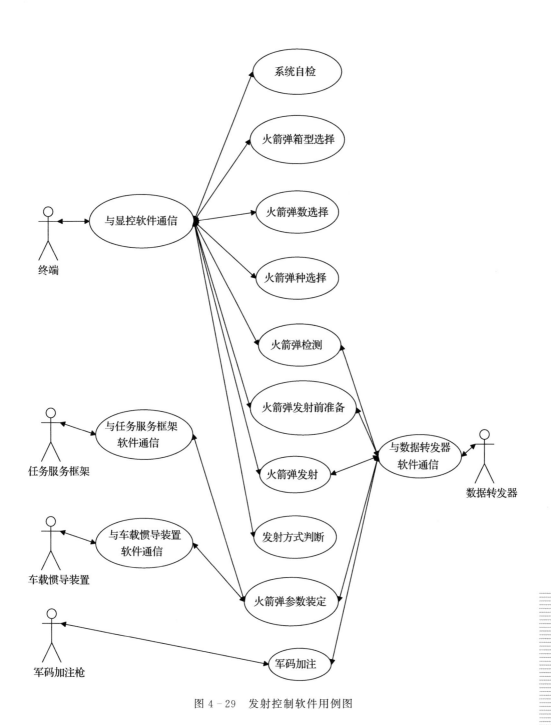

图 4 - 29　发射控制软件用例图

5.软件外部接口设计

发射控制软件外部接口关系图如图4-30所示,发射控制软件 CSCI 外部接口见表4-20。

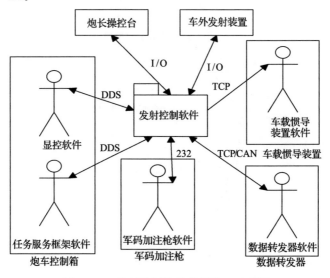

图 4-30　发射控制软件外部接口示意图

表 4-20　发射控制软件 CSCI 外部接口

接口名称	标识符	接口方向	接口实体	接口内容	接口约束
显控软件接口	FSKZ_IF_ZD	收发	任务服务模块	协议定义的报文（见 DDS 通信协议）	无
任务服务框架软件接口	FSKZ_IF_RWFWKJ	收发	任务服务模块	星历文件惯导初始参数飞控参数	无
车载惯导装置软件接口	FSKZ_IF_CZGD	发送	车载惯导装置	传递对准开始/停止命令	
军码加注枪软件接口	FSKZ_IF_JMZR	收发	军码加注枪	军码加注信息	
数据转发器软件接口	FSKZ_IF_SJZF_TCP	收发	数据转发器	协议定义的报文（见 TCP 通信协议）	无
	FSKZ_IF_SJZF_CAN	收发	数据转发器	IP 地址报文	无

续表

接口名称	标识符	接口方向	接口实体	接口内容	接口约束
炮长操控台接口	FSKZ_IF_PZCKT	收发	炮长操控台	车内发射 车外发射 保险锁状态 发射按钮状态 车内数据等状态	无
车外发射装置接口	FSKZ_IF_CWFSZZ	收发	车外发射装置	保险锁状态 发射按钮状态 车外数据等状态	无

6.软件内部接口设计

发射控制软件内部接口如图 4-31 所示。发射控制软件 CSCI 内部接口见表 4-21。

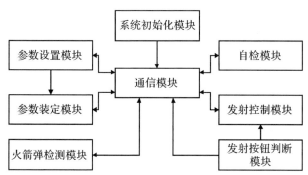

图 4-31　发射控制软件内部接口示意图

表 4-21　发射控制软件 CSCI 内部接口

接口名称	接口内容	接口实体	接口方式
系统初始化与通信接口	初始化 DDS、CAN、TCP,串口;创建通信模块任务	initcan() taskDemo() init_com_gd() init_com_pz() init_com_zr()	API 接口

续表

接口名称	接口内容	接口实体	接口方式
参数设置与通信接口	发射箱型、发射弹种、发射方式、引信模式、发射弹数、发射管号、弹道文件、星历文件、对时文件、设置结果反馈	D_GNum D_DMode D_FMode D_YMode D_DNum Z_Left.Select Z_Right.Select D＊_GD1.DAT～ D＊_GD8.DAT D＊_FK1.DAT～ D＊_FK8.DAT D＊_XL.DAT D＊_DS1.DAT D＊_DS2.DAT D＊_DS3.DAT	全局变量接口 API接口
自检与通信接口	自检命令 自检反馈	R_STest() Z_FSet(0xb0) R_FSet(0x90)	API接口
参数装定与通信接口	弹载计算机自检、弹上设备自检、引信装定、对时、星历装定、控制系统参数装定、惯导初始参数装定、对准查询	Z_FSet(0x20) Z_FSet(0x21) Z_FSet(0x22) Z_FSet(0x26) Z_FSet(0x28) Z_FSet(0x67) Z_FSet(0x27) SendFileData_FKGD ("/ata0a/D＊_FK＊. DAT",＊) Z_FSet(0x24)	API接口
火箭弹检测与通信接口	对接检测、弹种识别	Z_FSet(0xb1) DZ_Mode	API接口 全局变量接口

续表

接口名称	接口内容	接口实体	接口方式
发射控制与通信接口	技术阵地开始命令、发射阵地开始命令、发射停止命令、时序执行结果反馈	R_DShoot() Ready R_DStop() R_*(a,b)	API 接口 全局变量接口
参数设置于参数装定接口	引信、对时文件、星历文件、控制系统参数、惯导初始参数装定	D_YMode D*_GD1.DAT ~ D*_GD8.DAT D*_FK1.DAT~ D*_FK8.DAT D*_XL.DAT D*_DS1.DAT D*_DS2.DAT D*_DS3.DAT	全局变量接口、文件接口
发射控制与发射按钮判断接口	车内/车外发射 保险锁状态 发射按钮状态	D_FMode D_FPower T_In_value T_Out_value	全局变量接口
发射控制按钮与通信模块	车内/车外发射 保险锁状态	D_FMode D_FPower	全局变量接口

7. 软件执行状态设计

发射控制软件执行活动如图 4-32 所示。软件启动后,调用系统初始化模块进行软件初始化,建立相应的任务并对各个任务进行初始化,完成 DDS 通信模块初始化、TCP 通信模块初始化、CAN 通信模块初始化、串口通信模块初始化。其中 DDS 通信模块用于同显控软件和任务服务框架软件进行通信,接收显控软件发出的命令,反馈结果给显控软件,接收任务服务框架软件发送的弹道文件,TCP 通信模块用于同数据转发器软件、车载惯导装置软件进行通信,CAN 通信模块与数据转发器软件进行通信,用于设置左右箱,串口通信模块与军码加注枪软件进行通信,用于进行军码加注;初始化完毕后,通过 DDS 通信模块接收到显控软件命令,如果是参数设置命令则调用参数设置模块进行参数设置,如果是自检命令则调用自检模块,如果是开始流程命令则进入发射流程,在发射流程中按照软件设置调用火箭弹检测模块、参数装定模块、发射控制模块以及发射按钮判断模块完成火箭弹发射,同时将每个步骤的执行结果通过 DDS 通信模块反馈给显控软件。

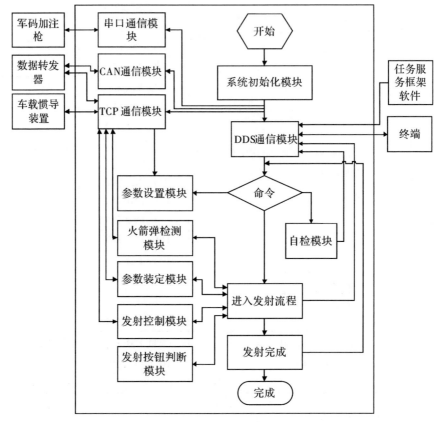

图 4-32 发射控制软件执行活动图

4.2.2 炮车控制软件

1.软件基本功能要求

(1)自检功能。接收到自检指令后,进行自检,并返回自检结果。

(2)自动操瞄调炮功能。在接收到的射击诸元(方位、高低)时,能够根据当前车载惯导装置姿态信息(方位角、俯仰角、横滚角)和方位/高低传感器的姿态信息,利用解耦模型自动完成操瞄解算,在安全联锁条件满足的情况下,根据解算到的调炮指令,实时输出高低、方位控制量,控制火箭炮快速平稳地到达射击诸元位置。如条件不满足,停止调炮并上报故障原因。

(3)自动用炮功能。能够采集安全联锁箱的 I/O 状态信息完成自动放列功能,具体流程如下:①行军固定器解脱;②传动上电;③千斤顶放列;④停止传动。

(4)自动收炮功能。能够采集安全联锁箱的 I/O 状态信息完成自动收炮功能,具体流程如下:①传动上电;②收炮到行军固定器位置;③行军固定器锁紧;④千斤顶收起;⑤停止传动。

(5)火箭炮单步控制功能。能够单步执行固定器解脱,固定器锁紧,千斤顶放列,千斤顶收起,传动上电,传动停止等指令。

(6)通信功能。

1)能够通过 CAN 接收高低传感器、方位传感器参数;

2)能够通过以太网接收车载惯导装置姿态信息;

3)能够通过 DDS 同显示控制软件进行信息交互。

2.硬件环境

宿主机硬件见表 4 - 22。目标机硬件环境见表 4 - 23。

表 4 - 22　宿主机硬件环境

序　号	硬件名称	配置需求
1	CPU	主频 2.6 GHz 以上
2	外　存	不低于 500 GB
3	内　存	不低于 2 GB
4	通信接口	USB 口、串口、以太网口

表 4 - 23　目标机硬件环境

序　号	硬件名称	配置需求
1	CPU	AMD LX800
2	外　存	不低于 1 GB
3	内　存	不低于 256 MB
4	主　频	500 MHz
5	通信接口	CAN 口:1 个 串口:1 个,RS232 接口 网口:1 个,10 MHz/100 MHz 自适应

3.软件环境

(1)操作系统:Windows XP SP3;

(2)集成开发环境:Tornado 2.2;

(3)开发语言:C语言。

4.软件需求设计

炮车控制软件作为火箭炮火控系统软件的组成部分部署在火箭炮控制箱,主要包括自动操瞄调炮功能、自动用炮功能、自动收炮功能、单步执行火箭炮控制功能和通信功能五个软件功能。能够自动完成火箭炮的自动用炮流程和自动收炮流程,收到射击诸元后自动完成操瞄计算并驱动火箭炮完成自动调炮,也可以单步执行火箭炮控制,并将流程状态实时反馈给显示控制软件。炮车控制软件按照其系统需求,其功能划分如图4-33所示。

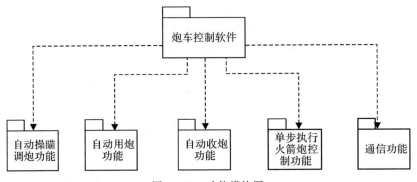

图4-33 功能模块图

炮车控制软件用例包括自动操瞄调炮、自动用炮、自动收炮、单步执行火箭炮控制和通信(见图4-34)。炮车控制软件功能描述见表4-24。

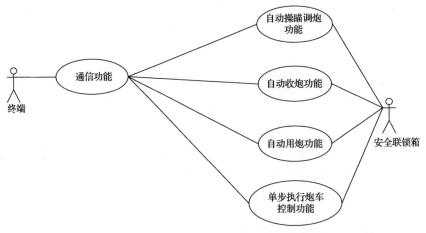

图4-34 用例图

表 4 - 24　所有能力标识

序　号	Use case 名称	项目唯一标识符	需求描述（功能说明）
1	自动操瞄调炮	XHPK - UC - ZDDP	能够根据接收到的射击诸元（方位、高低）、当前车载惯导装置姿态（方位角、俯仰角、横滚角）以及方位/高低传感器的姿态，利用解耦模型自动完成操瞄解算。根据解算到的调炮指令，实时输出控制随动系统高低、方位伺服系统的控制量，控制火箭炮快速平稳地到达射击诸元位置，实现自动一次调炮到位，完成火箭炮调炮控制
2	自动用炮	XHPK - UC - ZDYP	能够通过采集 I/O 状态信息完成自动放列功能，具体流程如下： 行军固定器解脱； 在行军固定器解脱后，传动上电； 在传动已上电后，千斤顶放列； 在千斤顶支撑到位后，停止传动
3	自动收炮	XHPK - UC - ZDSP	能够通过采集 I/O 状态信息完成自动收炮功能，具体流程如下： 传动上电； 在传动已上电后，收炮到行军固定器位置； 在收炮到位后，行军固定器锁紧； 在行军固定器锁紧后，千斤顶收起； 在千斤顶收起到位后，停止传动

续表

序　号	Use case 名称	项目唯一标识符	需求描述（功能说明）
4	单步执行火箭炮控制	XHPK‐UC‐DBZX	能够响应外界输入，单步执行固定器解脱/锁紧，千斤顶放列，千斤顶收起，传动上电/停止等指令
5	通信	XHPK‐UC‐TX	能够通过 CAN 总线接收高低/方位传感器信息；能够通过以太网接收惯导姿态信息；能够通过 DDS 同显示控制软件进行信息交互

5.软件外部接口设计

炮车控制软件外部接口关系图如图 4‐35 所示，炮车控制软件 CSCI 外部接口见表4‐25。

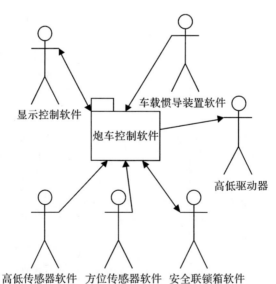

图 4‐35　炮车控制软件外部接口示意图

表 4 - 25　炮车控制软件 CSCI 外部接口

接口名称	标识符	接口方向	接口实体	接口内容	接口约束
显示控制软件接口	HK_PCKZ_ZD	收发	显示控制软件	协议定义的报文（见 DDS 通信协议）	无
车载惯导装置软件接口	HK_PCKZ_CZGD	接收	惯导	身管姿态信息	数据周期为 20 ms 精度为 0.1 mil
高低传感器软件接口	HK_PCKZ_GDCGQ	接收	高低传感器	高低传感器位置信息	数据周期为 20 ms 精度为 0.1 mil
方位传感器软件接口	HK_PCKZ_GDCGQ	接收	方位传感器	方位传感器位置信息	数据周期为 20 ms 精度为 0.1 mil
安全联锁箱软件接口	HK_PCKZ_AQLS	收发	安全联锁箱	相关的 IO 操作	无
方位驱动器接口	HK_PCKZ_GDQDQ	发送	方位驱动器	高低/方位 DA	无

6.软件内部接口设计

炮车控制软件内部接口示意图如图 4 - 36 所示。炮车控制软件 CSCI 内部接口见表 4 - 26。

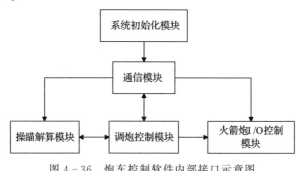

图 4 - 36　炮车控制软件内部接口示意图

表 4 – 26 炮车控制软件 CSCI 内部接口

接口名称	接口内容	接口实体	接口方式
系统初始化与通信接口	初始化 DDS、CAN、TCP,创建通信模块任务	initcan() taskDemo() init_com_gd() init_com_pz()	API 接口
通信与操瞄解算接口	惯导姿态值、方位/高低传感器值	gd.gd gd.dxj gd.hq pao.gdvalue pao.fwvalue	全局变量接口
通信与调炮控制接口	开始调炮、停止调炮、允许调炮回复、不允许调炮原因、调炮到位回复	zyml fasongtopzgeted() fasongtopzdpdw()	全局变量接口 API 接口
通信与火箭炮 I/O 控制接口	固定器解脱/锁紧、传动上电/停止、千斤顶放列/收起	jtbutton() cdbutton() stopbutton() qjdflbutton() qjdsqbutton()	API 接口
操瞄解算与调炮控制接口	解耦出的目标诸元值	pdecouple.gd pdecouple.fw	全局变量接口
调炮控制与火箭炮 I/O 控制接口	输出方位/高低控制指令电压	gaodishuchu() fangweishuchu()	API 接口

7.软件执行状态设计

炮车控制软件执行活动如图 4 – 37 所示。

软件启动后,调用系统初始化模块进行软件初始化,建立相应的任务并对各个任务进行初始化,完成 DDS 通信模块、TCP 通信模块、CAN 通信模块初始化。TCP 通信模块实时接收车载惯导装置发送的姿态信息和 CAN 通信模块实时接收方位/高低传感器发送的姿态信息都用于自动调炮;DDS 通信模块接收到显控软件发送的命令,解析命令内容后执行相应的操作,如果是自动调炮,则调用操瞄解算模块进行解耦计算,然后调炮控制模块根据解算结果,控制火箭炮 I/O 控制模块完成调炮;如果是自动放列、自动收炮、单步执行命令,则调用火箭炮 I/O 控制模块完成相应操作。完成后返回并等待下一条命令。

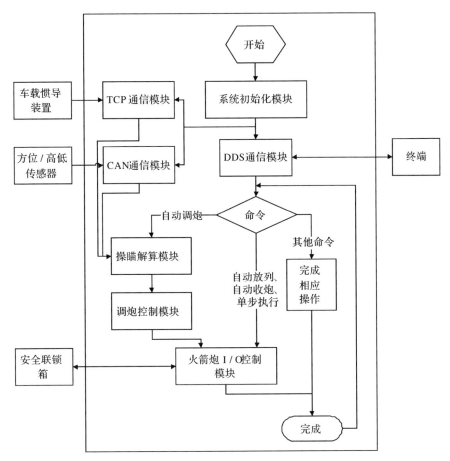

图 4 - 37　炮车控制软件执行活动图

|4.3　主要软件操作界面设计|

4.3.1　报文接收界面

在报文管理界面能够显示当前已接收报文的报文类型、下达机构、接收时间和具体信息内容,还可以根据接收报文时间、报文类型对历史报文信息进行分类查找(见图 4 - 38)。

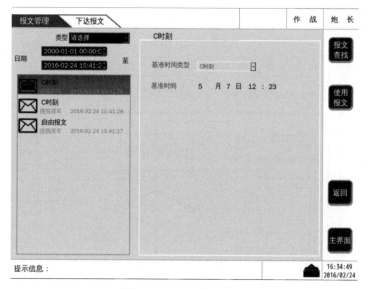

图 4-38　下达报文界面

4.3.2　报文发送界面

报文发送界面能够选择向不同报文送达单位(指挥车、运弹车、气象车和装填车等)发送报文,界面可根据报文预设内容填入报文具体信息(见图 4-39)。

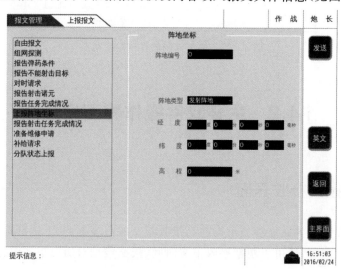

图 4-39　上报报文界面

4.3.3　行军导航界面

在行军导航界面,显示当前位置周围地图信息,并可以对地图进行放大、缩小、上移、下移、左移、右移等操作(见图 4 - 40)。

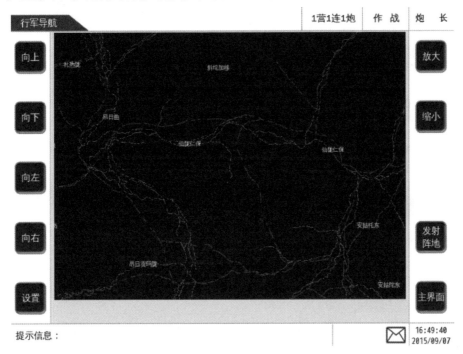

图 4 - 40　行军导航主界面

4.3.4　调炮操作界面

界面左侧为安全联锁各个模块的当前状态。当调炮相关执行机构处于该状态时,状态标志为绿色;未处于该状态时,状态标志为红。界面右侧为当前炮车上传感器返回的当前炮车射角射向值。在调炮操作界面可以进行自动用炮、自动收炮、收放千斤顶、随动调炮和操瞄调炮等操作(见图 4 - 41)。

4.3.5　毁伤计算界面

毁伤计算界面能够根据当前弹药条件和毁伤任务计算弹药消耗量,或者根据弹药消耗量计算毁伤效率。需要输入的信息有弹种、引信、发现方法、目标分类、目标正面、目标纵深和毁伤任务等,还能够显示弹药消耗量的计算结果(见图4-42)。

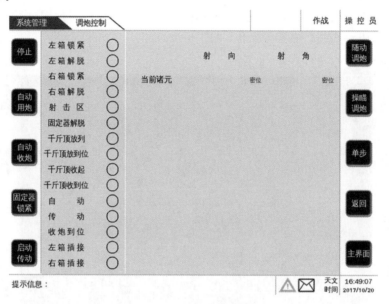

图4-41　调炮控制主界面

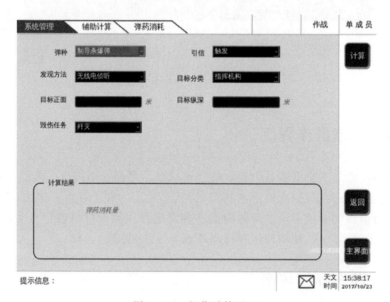

图4-42　毁伤计算界面

4.3.6　测地计算界面

在测地计算界面可以输入当前点的坐标和两点之间的距离、方位信息计算目标点的坐标,或者输入当前点和目标点的坐标信息,计算两点之间的距离和方位(见图 4 - 43)。

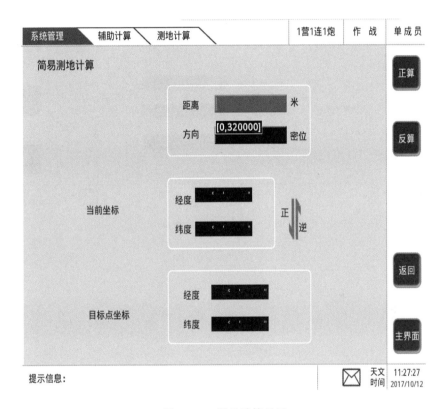

图 4 - 43　测地计算界面

4.3.7　坐标转换界面

在坐标转换界面可以对坐标点在参心坐标系(经度、纬度、高度)与大地直角坐标系(X、Y、Z)之间进行转换(见图 4 - 44)。

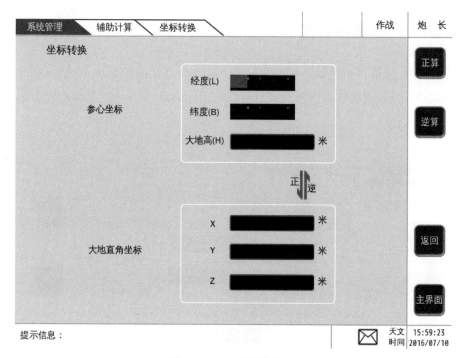

图 4-44　坐标转换界面

第 5 章

现代制导火箭火控系统的六性设计

"六性"设计为可靠性设计、安全性设计、维修性设计、测试性设计、保障性设计和环境适应性设计,这是 GJB9001 中明确提出作为产品实现策划必须要考虑和满足的要求,是武器装备研发与生产过程中除功能性能特性外要满足的质量特性。

美国产品通用质量特性的发展始于 1957 年,2000 年形成了完整的标准体系。我国从 20 世纪 60 年代中期开始研究可靠性工程,在 1988 年发布了可靠性系列军标,后续发布了一些"六性"的其他标准,特别是《质量管理体系要求》(GJB 9001C—2017)中明确了"六性"的基本要求。

"六性"工作是一项复杂的系统工程,开展"六性"设计分析不仅需要大量的产品设计信息,而且需要一定的可靠性、维修性、测试性等专业理论、技术标准、产品可靠性基础数据和分析手段的支撑,并且随着设计深入,产品信息不断丰富,逐渐迭代和细化。

|5.1 可靠性设计|

可靠性是产品的一种固有特性,是指产品在规定的条件下和规定的时间内,完成规定功能的能力。可靠性指标是产品性能指标体系的重要组成之一。提高产品的可靠性,可减少故障发生的次数,减少维修次数、维修所需人力物力及保障设备等,进而降低产品的维修保障费用。对火控系统而言,提高系统的可靠性,可有效增加装备的战斗力和作战能力。

按照可靠性设计的思路,可靠性包括基本可靠性和任务可靠性。基本可靠性一般用平均故障间隔时间(MTBF)来衡量,对所有可能产生的故障进行分析,指在未进行任何保障的前提下的工作能力;任务可靠性一般用平均严重故障间隔任务时间(MTBCF)和任务可靠度(MR)来衡量,对所有可能造成任务失败的故障进行分析,用于考核产品完成任务的能力。

按照可靠性应用的角度,可靠性包括固有可靠性和使用可靠性。固有可靠性是产品在设计完成后与生俱来的属性达到的可靠性水平;使用可靠性则是综合产品制造、生产和使用条件环境等因素考核的可靠性水平。

5.1.1 建立可靠性模型

系统可靠性建模是分析论证和确定系统和设备可靠性指标,以及对系统可靠性进行综合评估的重要工具。为了确定系统、分系统和设备的可靠性定量要求,进行可靠性分配和预计,完成可靠性分析和评估,必须建立可靠性数学模型。根据数学模型得到的预计值,可分析论证系统和设备的可靠性指标,为装备的设计方案提供必要的输入信息,也为装备的维修性和保障性分析提供依据。

依据可靠性模型用途不同,可靠性模型可分为基本可靠性模型和任务可靠性模型。

基本可靠性模型用于预计系统及设备故障所引起的维修保障要求,是一个包含系统内所有设备的串联模型;任务可靠性模型是在完成规定任务中度量工作有效性的一种可靠性模型,可能是一个串联、并联、桥联等复杂模型的组合。可靠性建模应在研制阶段初期进行,随着研制工作的推进,不断修正模型,反复迭代。

依据 GJB813 规定的程序和方法建立以产品功能为基础的可靠性模型。建立可靠性模型的假设和条件如下:

(1)火控系统是可修复系统,采用的可靠性参数为平均无故障工作时间(或失效率)和可靠度 R。

(2)系统及组成系统的各分系统或单体在工作中发生故障是随机的,并服从负指数分布,即故障概率密度函数:

$$f(t) = \lambda e^{-\lambda t} \tag{5-1}$$

可靠度函数:

$$R(t) = e^{-\lambda t} \tag{5-2}$$

其中:

$$\lambda = 1/\text{MTBF},为常数 \tag{5-3}$$

(3)系统进入正常运转期,即稳态工作。这种情况下,系统只有"正常"或"失效"两种状态。

(4)可靠性框图中,每一个方框都是能完成某一功能的单体,只要图中任何一个单体出现故障,就可导致系统故障。

(5)可靠性框图中,每一个方框发生故障都是相互独立的,即图中任何一个方框发生故障都不应导致另一方框出现故障。

(6)所有连接方框的线没有可靠性值,只用来给框图指出顺序和方向。

(7)系统可靠性框图完全是针对系统本身而言的,不涉及人的因素。

火控系统可靠性框图如图 5-1 所示。

可靠性数学模型为

$$R_s = \prod_{i=1}^{n} R_i \tag{5-4}$$

式中：R_s 为系统的可靠度；R_i 为各分系统或单体的可靠度。

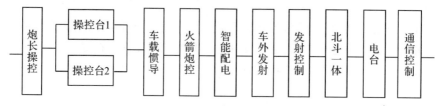

图 5-1　火控系统可靠性框图

$$\lambda_s = \sum_{i=1}^{n} \lambda_i \qquad (5-5)$$

式中：λ_s 为系统的失效率；λ_i 为各分系统或单体的失效率。

平均无故障工作时间为

$$\mathrm{MTBF}_s = 1/\lambda_s \qquad (5-6)$$

5.1.2　可靠性分配与预计

可靠性分配是将系统可靠性分解到系统内各个组成单元的过程，即从一个整体由上到下分解到零部件的过程。经过分配，将系统可靠性指标分摊到系统内各个设备，各设备以此指标进行可靠性设计，定量估算所需人力和物力。在确定了基本可靠性和任务可靠性要求之后，就应当把定量要求分配到设计的产品中。在分配之前可根据实际情况给分配指标增加一定余量。

可靠性分配的参数一般分为两种：第一种为描述系统基本可靠性的参数，常用的有平均故障间隔时间、故障率（λ）等；第二种为描述系统任务可靠性的参数，常用的有平均严重故障间隔时间、任务可靠度（R_m）等。对于不同类型的系统，描述系统可靠性的参数也不完全相同，视实际情况给出。

可靠性分配一般遵循以下四个原则：① 分配时应综合考虑系统下属各功能级产品的复杂度、重要度、技术成熟度及任务时长等因素；② 分配到同一层次产品的划分规模应尽可能适当，以便于权衡和比较；③ 应根据产品特点和使用要求，确定采用适合本系统的可靠性参数进行分配；④ 应按照规定值进行可靠性分配，适当留有余量，方便系统后续改进设计或增加功能。

可靠性预计是预估系统或设备的基本可靠性和任务可靠性的定量指标，主要作用是预测装备能否达到规定的可靠性指标值，检查可靠性指标分配是否合理可行，为元器件的选择提供依据，也为装备的维修性和保障性分析提供依据。

依据可靠性预计用途不同,可靠性预计可分为基本可靠性预计和任务可靠性预计。基本可靠性预计是对系统及其组成单元不可靠导致的对维修保障要求的预估;任务可靠性预计是对系统完成规定任务成功率的估算。可靠性预计应与系统功能、性能设计同步进行。随着产品的逐步确定,可靠性预计结果要与产品的技术状态保持一致。

可靠性预计结论应包含以下几部分内容:

(1)给出产品可靠性预计结果。如果要选出可靠性最佳的方案,就要对比多个方案的可靠性预计值;如果要评价产品的可靠性水平,需要对产品组成的可靠性分配值累加,与其可靠性分配值比较,判断是否达到了产品成熟期的可靠性规定值。

(2)进行薄弱环节分析,找到产品的薄弱环节。

(3)提出改进产品可靠性意见和建议。不管产品可靠性水平是否达到可靠性规定值,都应给出可靠性预计结论,为后续系统的改进设计提供支持。

火控系统是一个非常复杂的武器系统,不但要考虑它的结构复杂度和重要度,而且必须考虑更多的其他因素,如环境条件、技术水平等,故选取综合因子评定法来进行可靠性指标分配。具体分配步骤为:

1)对系统进行分析,确定每个分系统因素的等级 K_i;

2)将每个分系统的各因素等级 K_i 相乘,得到每个分系统的总的分配系数等级 $K_{sj}(j=1,2,\cdots,m)$;

3)求出系统总的分配系数等级 K_s, $K_s = K_{s1} + K_{s2} + \cdots + K_{sm}$;

4)求出每个分系统的分配系数等级与系统总的分配系数等级的比值;

5)依据系统要求的失效率 λ_s,利用下式求出分配给各分系统的失效率:

$$\lambda_{sj} = (K_{sj}/K_s)\lambda_s (j=1,2,\cdots,m)$$

依据火控系统的具体情况,选取四种评价系数:

K_1:结构复杂度,最简单的取 1,最复杂的取 10;

K_2:技术水平,水平最高的取 1,水平最低的取 10;

K_3:重要度,重要度最高的取 10,最低的取 1;

K_4:环境条件,环境最严酷的取 10,最好的取 1。

火控系统可靠性分配单元依据火控系统可靠性框图可统计出火控系统参加可靠性指标分配的单体。

电子产品可靠性预计方法主要包括相似电路法、元器件计数法和应力分析法等。一般根据产品特性及研制阶段选择可靠性预计方法。各预计方法的原理、适用范围、预计参数和前提条件见表 5-1。

表 5-1　电子产品可靠性预计方法的选择

预计方法	原　理	适用范围	预计参数	前提条件
相似电路法	将新设计的电路和已知可靠性的相似电路进行比较,从而简单地估计新电路可能达到的可靠性水平	方案阶段	MTBF、λ 等	(1)具有相似电路,且差异易于评定。 (2)相似电路具有可靠性数据,且该数据经过了现场评定
元器件计数法	根据经验确定各类元器件在不同工作环境下的通用故障率,将各个元器件通用故障率用质量系统修正,再累加得到系统故障率	工程研制阶段早期	λ、$R_m(t)$	(1)产品元器件的种类和数量、质量等级、工作环境已基本确定。 (2)能找到相关的数据手册,用以提供经验数据
应力分析法	根据工程经验建立各种元器件故障率同元器件质量等级、工作环境等参数之间的函数关系,用这种工程经验公式计算每一个的元器件故障率,再运用产品可靠性模型,预计系统可靠性	工程研制阶段中后期	λ、$R_m(t)$	(1)产品元器件的具体种类、数量、质量等级、工作环境已确定。 (2)能找到相关的数据手册,用以提供经验公式和数据

火控系统可靠性预计方法采用应力元器件计数法。

依据 GJB/Z299C—2006 电子设备可靠性预计手册;MIL-HDBK-217E《电子设备可靠性预计手册》预计公式为

$$\lambda_s = \sum_{i=1}^{n} N_i \lambda_{pi} \qquad (5-7)$$

式中:λ_s 为系统总的失效率;N_i 为第 i 种元器件数量;λ_{pi} 为第 i 种元器件的失效率;n 为系统所用元器件的种类数目。

按照上述预计公式可计算出火控系统各单体可靠性预计结果,进而算出火控系统的故障间隔时间。

5.1.3　故障模式、影响及危害性分析

故障模式、影响及危害性分析(Failure Modes,Effect and Criticality Analysis,FMECA)是假定所设计的型号满足要求的前提下,针对型号在试制生产工

艺中每个工艺步骤可能发生的故障模式及其对型号造成的所有影响,按故障模式的风险优先数(RPN)值的大小,针对工艺薄弱环节制定改进措施,并预测或跟踪所采取改进措施后减少 RPN 值的有效性,使 RPN 达到可接受的水平,进而提高型号的可靠性。在型号工艺设计初期就应进行 FMECA,并随着工艺设计的深入与工艺编制工作同步展开。这样有利于及时发现工艺设计中的薄弱环节,并为安排改进措施的先后顺序提供依据。同时,应按照产品生产阶段的不同,进行不同程度、不同层次的分析。

　　故障模式分析是指不能满足工艺要求或设计意图的缺陷。它可能是引起下一道工序的故障模式的原因,也可能是上一道工序故障模式的后果。一般情况下,在工艺 FMECA 中,假定提供的零件/材料是合格的。典型的工艺故障模式示例见表 5 - 2。

表 5 - 2　典型的工艺故障模式示例

序　号	故障模式	序　号	故障模式	序　号	故障模式
1	弯　曲	7	尺寸超差	13	光滑度超差
2	变　形	8	位置超差	14	未贴标签
3	裂　纹	9	形状超差	15	错贴标签
4	断　裂	10	开　路	16	搬运损坏
5	毛　刺	11	短　路	17	表面污染
6	漏　孔	12	粗糙度超差	18	遗留多余物

　　工艺故障影响是指故障模式对型号装备的影响,应该用型号的特征进行描述,见表 5 - 3。

表 5 - 3　典型的工艺故障影响示例

序　号	故障影响	序　号	故障影响
1	噪声过大	9	工作性能不稳定
2	振动过大	10	损耗过大
3	阻力过大	11	漏水
4	操作费力	12	漏油
5	散发异常的气味	13	表面缺陷
6	作业不正常	14	尺寸、位置、形状超差
7	间歇性作业	15	非计划维修
8	不工作	16	废弃

风险优先数(RPN)是故障模式严酷度(简称严酷度 S)、故障模式发生概率(简称发生概率 O)和故障模式探测度(简称探测度 D)的乘积,即

$$RPN = SOD \qquad (5-8)$$

RPN 是对潜在故障模式风险等级的评价,它反映了对故障模式发生的可能性及其后果严重性的综合度量。RPN 值越大,即该故障模式的危害性越大。

(1)故障模式严酷度(S):是指某个工艺故障模式的最严重影响程度。其等级的评分准则见表 5-4。

表 5-4 工艺故障模式严酷度(S)等级的评分准则

影响程度	故障模式的最终影响	严酷度等级
灾难性的	产品毁坏或功能丧失	10、9
致命性的	产品功能基本丧失而无法运行/能运行但性能下降/用户非常不满意	8、7
中等的	产品能运行,但运行性能下降/用户不满意,大多数情况(>75%)发现产品有缺陷	6、5、4
轻度的	用户发现有 25%～50% 的产品有缺陷或没有可识别的影响	3、2、1

(2)故障模式发生概率(O):是指某个故障模式发生的可能性。发生概率(O)级别数在 PFMECA 范围中是一个相对比较的等级,不代表故障模式真实的发生概率。其评分准则见表 5-5。

表 5-5 工艺故障模式发生概率(O)评分准则

工艺故障模式发生的可能性	可能的工艺故障模式概率(P_o)
很高(持续发生的故障)	$P_o \geqslant 10^{-1}$
	$5 \times 10^{-2} \leqslant P_o < 10^{-1}$
高(经常发生的故障)	$2 \times 10^{-2} \leqslant P_o < 5 \times 10^{-2}$
	$1 \times 10^{-2} \leqslant P_o < 2 \times 10^{-2}$
中等(偶尔发生的故障)	$5 \times 10^{-3} \leqslant P_o < 1 \times 10^{-2}$
	$2 \times 10^{-3} \leqslant P_o < 5 \times 10^{-3}$
	$1 \times 10^{-3} \leqslant P_o < 2 \times 10^{-3}$
低(很少发生的故障)	$5 \times 10^{-4} \leqslant P_o < 1 \times 10^{-3}$
	$1 \times 10^{-4} \leqslant P_o < 5 \times 10^{-4}$
极低(不大可能发生故障)	$P_o < 1 \times 10^{-4}$

(3)工艺故障模式探测度(D):是描述在工艺控制中故障模式被探测出的可

能性,其也是一个相对比较的等级。为了得到较低的探测度数值,型号加工控制需要不断地改进。其评分准则见表 5-6。

表 5-6　工艺故障模式探测度(*D*)评分准则

探测度	评分准则	检查方式			分级方法	级别
		防错措施	量具测量	人工检查		
几乎不可能	无法探测			√	无法探测或无法检查	10
很微小	现行探测方法几乎不可能探出			√	以间接检查进行探测	9
微小	现行探测方法只有微小机会能探出			√	以目视检查进行探测	8
很小	现行探测方法只有很小机会能探出			√	以双重目视检查进行探测	7
小	现行探测方法能探出		√	√	以图表方式进行探测	6
中等	现行探测方法基本上能探出		√		以量具进行探测	5
中上	现行探测方法有较多机会能探出	√	√		误差检测或进行工序前测定检查,进行探测	4
高	现行探测方法很可能探出	√	√		量具当场测错或在后续工序中探测。不接受缺陷零件	3
很高	现行探测方法几乎肯定能探出	√	√		量具当场探测。缺陷零件不能通过	2
肯定	现行探测方法肯定能探出	√			产品设计了防错措施,不会生产出有缺陷的零件	1

不论 RPN 的大小如何,对严酷度等级为 9 或者 10 的项目应通过产品设计上的改进措施或使用补偿措施等手段,以满足降低该风险的要求。

火控系统按照 GJB/Z1391 全面开展了 FMECA 的实施,并随设计状态的变化不断更新,及时发现设计的薄弱环节,进行改进。

5.1.4　可靠性主要技术措施

型号可靠性主要技术措施包括采用成熟技术和工艺、简化设计、元器件和原材料的选择和控制、降额设计、冗余设计、电路容差设计、防瞬态过应力设计、热设计、环境防护设计、电磁兼容设计、人机工程设计、软件可靠性设计、包装与运输设计以及防差错设计等 14 个方面。

采用成熟技术和工艺，应该优先选用经过验证的、技术成熟的设计方案，充分考虑产品设计的继承性，降低新技术和新工艺带来的可靠性风险。

简化设计应尽可能以最少的元器件和材料来实现产品的功能性能，或优先选用标准件、模块化设计，提高产品通用化程度。简化设计是可靠性设计应遵循的基本原则。

通过对元器件和原材料的选择和控制，尽量选用优选目录中的器件，严格控制超优选目录器件的使用，保持和提高产品固有的可靠性。

降额设计包括电子产品降额设计和机械结构降额设计两部分。电子产品降额设计是使电子元器件所承受的电应力和温度应力适当地低于其规定的额定值，从而达到降低故障率的目的。机械结构降额设计要对设计的机械结构件所能承受的强度大于实际工作时的应力强度，根据具体情况，找出应力与强度的最佳匹配度，提高产品设计的可靠性。

冗余设计是一种容错设计，避免因任何产品单点故障导致任务中断或人员损伤，从而达到提高产品任务可靠性的目的。

电路容差设计要考虑当元器件在使用过程中性能退化时，仍能满足所需的最低性能要求。可通过反馈技术补偿元器件参数的变化，实现电路性能的稳定。

防瞬态过应力设计也是确保电路稳定可靠的一种方法。比如，通过采用二极管或稳压电路保护，防止实际瞬间电超过额定值。

热设计是为了使设计的产品性能不被热特性所破坏，通过合理的散热设计降低产品的工作温度，避免因高温导致故障，从而提高可靠性。主要方法包括提高导热系统的传导散热设计、对流散热设计、辐射散热设计和耐热设计等。

环境防护设计是当产品在冲击、振动、潮湿、高低温、盐雾和霉菌等恶劣环境工作时，为防止元器件和零部件受到各种环境应力影响产生故障而采取的防护措施。主要设计包括温度防护设计，防潮湿、防盐雾、防霉菌的"三防"设计，冲击和振动防护设计，防风沙设计，防电磁干扰设计及静电防护设计等。

电磁兼容设计是通过提高产品的抗电磁干扰能力以及降低对外界环境的电磁干扰，避免由于干扰导致产品故障，从而提高产品的可靠性。设计措施一般包括抑制干扰源、切断干扰传播途径等。随着科技的不断发展，电磁环境越来越复杂，研制的装备应结合自身实际应用环境制定适合自身的电磁兼容设计规范。

人机工程设计是应用人类工程学进行可靠性设计，避免除设备本身故障外，人为因素造成的设备故障或系统故障。

软件可靠性设计是根据产品的功能性能特点，对软件进行相应可靠性设计。

包装与运输设计是通过考虑产品在包装、存储和运输过程中可能出现的故障，对包装和运输方式提出的可靠性设计约束要求。

防差错设计是针对产品的接口和位置采取的防差错设计措施，减少电缆、插头和接插件等因人为差错而发生故障，从而提高系统的可靠性。

火控系统综合了以上的可靠性设计措施，从软件和硬件两方面进行了可靠性设计。

软件方面采用了优化设计技术，提高了任务成功率，具体包含了下列可靠性设计方法。

（1）炮长操控台、操控台、火箭炮控制箱、发射控制箱、通信控制器、高低驱动器、高低传感器、方位传感器、安全联锁箱和半自动操纵台能够接收显示控制软件发送的自检信息，并将检测结果回复给显示控制软件；

（2）火箭炮控制箱中装有嵌入式诊断软件，能够实现对系统状态进行检测，通过专家系统进行故障分析，对故障进行定位；

（3）对火箭弹发射流程的控制，从人机界面程序到控制程序都具有严格判断，前一步功能没有执行完毕，禁止下一步操作；

（4）对人机界面输入参数的范围和合法性进行判断，输入错误，给出明显的提示信息，并且禁止执行与该参数有关的操作；

（5）系统通信报文具有校验码检验机制，报文校验未通过，给出用户提示信息，并且丢弃错误报文；

（6）软件按照功能进行了构件化开发，降低了软件之间的耦合度，某个构件出问题不会影响到其他构件的正常运行；

（7）加强软件代码自查和自测试；

（8）统一使用一种版本的高级语言和一种操作系统编程；

（9）对软件功能进行封装，形成构件库，软件可以像硬件一样，实现"即插即用"；

（10）从数据需求、值域控制、数据运算范围控制和精度控制等方面，保证数据（信息）的可靠性；

（11）采用冗余技术进行可靠性容错设计来提高软件可靠性；建立了数据库管理、配置管理。

硬件方面设计采用成熟的设计技术，提高火控系统可靠性，具体包含下列可靠性设计措施：

（1）采用成熟技术和工艺，减少了设计风险。同时，实施标准化设计，采用成熟的标准电路，标准模块及标准零件；印制板的锡焊接尽量采用波峰焊接工艺；

印制板上的焊点和金属化孔采用双面焊接;可靠设计印制电路板,用力学性能、电气性能稳定的覆铜箔环氧玻璃布层压板作为印制板材料;印制板的布线采用计算机辅助设计(CAD)技术;印制板图设计尽量符合专业标准的要求等。

(2)模块化设计。火箭炮控制箱和发射控制箱采用 LRM 方式设计,各个功能模块备件均可在现场快速完成更换,可以提高火控系统的任务完成能力。

(3)简化设计。对系统功能进行分析权衡,合并相同或相似功能,消除不必要的功能;在满足规定功能要求的条件下,使其设计简单,减少产品层次和组成单元的数量;尽量减少执行同一或相近功能的零部件、元器件数量;优化选用标准化程度高的零部件、紧固件与连接件、管线、缆线等;最大限度地采用通用的组件、零部件、元器件,并尽量减少其品种;对故障率高的、容易损坏、关键性的单元具有良好的互换性和通用性;简化电路设计,尽可能使用软件功能代替硬件功能,使电路得以简化;尽可能使用集成电路代替分立元件组成的电路;尽可能使用大规模集成电路代替中、小规模的集成电路;尽可能使用数字电路代替模拟电路。

(4)对元器件、零部件和原材料的选择与控制。设计选材注重发挥轻质材料在结构设计中的作用,注重材料对各种严酷环境下产品可靠性的保证;对于设计中可能遇到的国外牌号材料,首先在国内牌号中进行筛选,尽量做好国内牌号材料的替代,对于不能替代的国外牌号材料,在设计选材时也注意了材料标准的转化;依据零部件、元器件优选清单,选择成熟的零部件和元器件;选用的零部件满足使用环境(防盐雾、防霉菌等)要求。

(5)降额设计。元器件按《元器件降额准则》(GJB/Z35)进行降额;对电路中的元器件,考虑降额使用,绝不允许超负荷使用。

(6)进行了冗余设计。如:火控系统在战术使用上以自动工作方式为主,并可降级成半自动或手动方式使用。提高了任务可靠性和安全性。千斤顶放列/撤收、行军固定器锁紧/解脱、调炮等能够与平台配合,实现自动、半自动或手动流程冗余。

(7)电路容差设计。对关键电路进行容错分析和容差设计;有一定功率余量,通常应有 20%～30% 的余量,重要地方用 50%～100% 的余量,要求稳定性、可靠性越高的地方余量越大;对随温度变化其参数也随之变化的元器件进行温度补偿,使电路保持稳定;正确选用参数稳定的元器件,避免电路产生漂移故障;接插件、开关、继电器的触点增加冗余接点,并联工作;信息传递不允许中断时,采取工作储备;冗余系统和主系统的元件不能通过同一个连接器。

(8)防瞬态过应力设计。选择过载能力满足要求的元器件;对线路中已知的瞬态源采取瞬态抑制措施。例如,对感性负载反电势采取与感性负载并联的电阻与二极管串联网络来加以抑制;尽可能减少摩擦产生的静电荷;电子元器件严格执行《电子产品防静电放电控制手册》(GJB/Z105—98)中关于静电放电敏感元件、组件和设备分级指标的要求,PCB 板做好防静电电磁场效应的电磁兼容设计。

(9)热设计、传导散热设计。如:选用导热系数大的材料,加大与导热零件的接触面积,尽量缩短热传导的路径;对流散热设计,如加大温差,即降低周围对流介质的温度;加大流体与固体间的接触面积;加大周围介质的流动速度,使它带走更多的热量等。

(10)容错与防差错设计。人机接口、产品内部的各种接口以及产品的操作简单,以减少产生人为差错的可能性。对于可能发生差错的装置,有操作顺序号码和方向的标记。在产品使用、存放和运输条件下,任何防差错的识别标记都必须清晰、准确、经久耐用,识别标记的大小位置适当,使操作和维修人员容易辨认等。

(11)设备、元器件及电路均进行电磁兼容性设计,解决它们与外界环境的兼容,以及产品内部各级电路间兼容。

|5.2　安全性设计|

安全性设计依据型号《立项论证报告》《研制总要求》及研制合同中规定的安全性设计要求,指导设计人员进行产品的安全性设计,进而提高产品的设计质量。控制所有可能出现的安全性风险是提高系统安全性水平的重要途径。安全性设计主要包括对环境、热、压力、毒性、振动、冲击、噪声、辐射、化学反应、污染、材料变质、着火、爆炸、电气、机械安全等 15 种常见危险进行防范。

1.环境安全设计

环境安全设计是用于消除、减少和控制由于各种环境因素(包括自然环境因素和诱发环境因素)对系统产生的环境危险的安全性设计。

2.热安全设计

热安全设计是用于消除、减少和控制系统设计过程中的热问题的安全性设计,包括高温、低温和温度变化引起的应力危险。

3.压力安全设计

压力安全设计是用于消除、减少和控制压力危险的安全性设计,包括高压、低压和压力变化引起的应力危险。一般液压和气压系统都要有压力安全性设计。

4.毒性安全设计

毒性安全设计是用于消除、减少和控制影响人员安全的毒性危险的安全性设计。

5.振动安全设计

振动安全设计是用于消除、减少和控制振动危险的安全性设计。

6.冲击安全设计

冲击安全设计是用于消除、减少和控制冲击危险的安全性设计。

7.噪声安全设计

噪声安全设计是用于消除、减少和控制噪声危险的安全性设计。

8.辐射安全设计

辐射安全设计是用于消除、减少和控制各种电离辐射和非电离辐射危险的安全性设计。

9.化学反应安全设计

化学反应安全设计是用于消除、减少和控制各种化学反应危险的安全性设计,包括防腐蚀防护。

10.污染安全设计

污染安全设计是用于消除、减少和控制各种由于污染源造成的污染危险的安全性设计。

11.材料变质安全设计

材料变质安全设计是用于消除、减少和控制材料变质危险的安全性设计,包括材料强度削弱、材料失效或材料变化引起的系统危险。

12.着火安全设计

着火安全设计是用于消除、减少和控制着火危险的安全性设计。

13.爆炸安全设计

爆炸安全设计是用于消除、减少和控制爆炸危险的安全性设计。

14.电气安全设计

电气安全设计是用于消除、减少和控制电击、引燃易燃物品、产生过热、造成意外启动事故、未按要求操作、静电等电气危险的安全性设计。

15.机械安全设计

机械安全设计是用于消除、减少和控制机械系统的防护、安装、使用、维修、起重、连接和固定等情况下具有的机械危险的安全性设计。

安全性设计符合性分析与检查也是一项重要的安全性工作。分析与检查有助于发现产品设计中存在的安全性隐患，能够为提高产品安全性水平提供支持。在型号研制过程中应对安全性设计贯彻情况进行分析，确定产品安全性设计是否符合安全性要求，并确定存在的问题，尽量采取改进措施。将分析结果编制成安全性分析报告，经型号总师系统批准，作为安全性评审资料之一。研制单位应积累产品安全性设计信息或数据，建立产品安全性信息库，作为安全性设计经验和教训以供相似型号使用。

5.2.1　安全性分析与危险控制

型号安全性分析与危险控制是系统安全性工程活动的重要组成部分。通过对危险检查和分析来确定系统或设备在各种使用模式中工作状态的潜在危险，预计对人员伤害或系统损坏的可能性和严重性，确定减少危险的发生。危险控制通过危险分析来识别各种危险源，并对系统或设备的事故风险进行评估，采取相应措施来保证事故风险在可接受范围内。

型号安全性分析与危险控制工作在研制阶段早期就应进行，随着研制工作逐渐深入，二者交叉进行，经过反复多次迭代后直至事故风险在可接受范围内。主要内容包括：

(1)识别危险源，列出影响型号安全的危险源清单。

（2）进行危险分析，识别并评价事故风险，列出安全性关键项目清单。

（3）根据危险分析结果采取相应措施来消除危险。

（4）根据系统设计和维修性设计措施，确定和纠正不安全状态。

（5）验证系统设计是否符合规范、标准或其他各种要求。

（6）对于无法从设计上消除的危险，并不打算进一步采取设计措施，而是列出清单，采取一些管理上的措施，使其不会发生。

安全性分析依据型号《立项论证报告》《研制总要求》及研制合同中规定的安全性设计要求进行分析，主要包括定性分析和定量分析。定性分析用于检查和确定可能存在的危险、危险可能造成的事故以及可能的影响和防护性措施；定量分析用于检查和确定具体危险、事故可能发生的概率。

目前一般的系统安全性分析定性分析方法主要有故障模式及影响分析、故障危险分析、故障树分析、潜在通路分析和事件树分析等；定量分析方法有故障模式及影响分析、故障树分析和概率风险评价等。

故障模式及影响分析是用来分析产品中所有可能产生的故障模式及其对产品所造成的所有可能影响，并按照每一个故障模式的严酷度及发生概率予以分类的一种自下而上进行归纳的分析技术，是一种有效的安全性分析方法，通常由系统的设计人员或系统可靠性工程人员或系统安全性技术人员来实施。故障模式及影响分析必须说明与安全相关的影响，以及所要求确定的其他方面的影响，为了使分析简单、易操作，通常采用列表分析方法，列表格式见表5-7。

表 5-7　故障模式及影响分析表格式

初始约定层次＿＿＿＿＿＿　　任　　务＿＿＿＿＿　审核＿＿＿＿＿　第＿＿页共＿＿页

约　定　层　次＿＿＿＿＿＿　　分析人员＿＿＿＿＿　批准＿＿＿＿＿　填表日期＿＿＿＿＿

代码	产品标志	功能	故障模式	故障原因	任务阶段与工作方式	故障影响			严酷度类别	故障检测方法	设计改进措施	备注
						局部影响	高一层次影响	最终影响				

故障危险分析用于确定系统各部件的危险状态及其发生的原因，以及对系统使用的影响。它不仅用于分析设备故障，还用于分析人为差错、危险特性和不利的环境影响。一般来说，在制定系统安全性大纲后就应开始进行故障危险分析，以弥补故障模式及影响分析在安全性分析中的不足之处，为系统提供更加详细的潜在故障信息。故障危险分析方法所采用的表格示例见表5-8。

表 5 - 8　故障危险分析表示例

产品代号	主要部件	故障模式	故障率	系统工作模式	主要部件故障对系统的影响	引起部件二次故障的因素	危险严重等级	备　注

　　故障树分析运用演绎法逐级分析,寻找导致某种故障事件的各种可能原因,直到最基本的原因,并通过逻辑关系的分析确定潜在的软硬件设计缺陷,以便采取改进措施。故障树分析一般用于产品工程研制阶段的设计分析和事故后的原因分析,在对每个事件或条件的分析后,逐步开展,越来越深入地分析导致顶事件发生的事件或条件,具体分析步骤如下:

　　(1)确定顶事件。

　　(2)确定能够单独或综合导致顶事件发生的附加事件和条件。

　　(3)确定这些事件是否独立发生还是同时发生,或通过不同组合方式发生会导致顶事件的发生,然后运用逻辑符合以图解方式将信息表达。

　　(4)确定能够导致每一个附加事件或条件发生的条件。重复这一过程,直到获得基本信息。

　　(5)如果需要,分析人员对故障树中每一个部件都进行故障分析。

　　潜在通路分析是用于假设所有零部件均未故障的情况下,从系统工程的角度,通过事先分析发现通路中可能存在的或一定激励条件下可能产生非期望功能的潜在状态,以确保通路安全可靠的一种分析技术。该技术适用于任何电路、液气体管路和软件。各项目根据需要,可重点对影响人员安全或任务成败等关键电路或软件实施分析。一般分析过程如下:

　　(1)假设潜在通路与部件或电路的故障无关,且不考虑环境的影响。

　　(2)构建网络树,并识别拓扑图。

　　(3)应用已知线索确定潜在通路。

　　(4)评价潜在通路对系统性能的影响。

　　(5)建立接收和拒绝的判据。

　　事件树分析也是一种逻辑演绎法,分析给定初因事件可能导致的各种事件结果,从而定性或定量地评价系统的特征。它与故障树分析正好相反,该方法是从原因到结果的归纳分析法。从一个初因事件开始,按照事故发展过程中事件出现与不出现,交替考虑成功与失败两种可能性,然后再把这两种可能性又分别作为新的初因事件进行分析,直至分析最后结果为止。一般步骤为:

　　(1)确定初始事件。

　　(2)判定安全功能。

(3)绘制事件树。

(4)事件树分析。

危险控制通常是在系统安全性设计工作中进行。为全面提升系统安全性,在系统安全性分析的基础上,运用各种危险分析技术来识别和分析各种危险,确定各种潜在危险对系统安全性影响。通常是按危险严重性和危险可能性划分危险等级,进行风险评价,再根据风险评价结果采取相应的控制和处理。最后,还要采取验证措施来验证危险控制的效果。

15种常见危险之前篇幅已有描述,这里不再赘述。接下来重点描述危险控制的常用设计方法,见表5-9。

表 5-9　危险控制的常用设计方法

控制方法	控制途径		
	危险消除	危险减少	告警和安全保护设施
控制能量	√	√	
消除和控制危险	√	√	
隔　离	√	√	
联　锁	√	√	
概率设计和损伤容限	√	√	
降　额	√	√	
冗　余	√	√	
状态监控	√	√	
故障—安全	√	√	√
告　警			√
标　示			√
损伤抑制			√
逃逸和营救			√
薄弱环节			√

注:"√"表示该方法可用。

以上危险控制方法也是系统安全性设计的基本思路和方法,其中通过设计消除危险和控制危险严重性是避免事故发生,达到系统的安全性水平的最有效方法。以上危险控制方法在安全性设计中的具体运用见《系统安全工程手册》(GJB/Z99)。

通过采取一些危险控制措施,由危险分析所确定出的系统中的危险已经消除或控制在可接受的限度内,但并不能保证所采取的危险控制措施百分之百的有效,所以需要对危险控制后事故风险水平及危险控制措施的有效性进行验证。危险控制结果的验证一般在安全性验证工作中进行,通过危险控制和危险验证的反复进行,最终使系统安全性达到规定要求。

5.2.2　安全性主要设计措施

火控系统依据安全性要求,综合上述的安全性设计及安全性分析与危险控制,从机械、电气、硬件及接口、软件以及信息等方面进行了安全性设计。火控系统主要的安全性设计措施包括以下几方面。

1.机械安全性

(1)火控系统所有设备机械连接牢固可靠、不松动;

(2)质量较重的设备采用预埋件安装;

(3)机柜、设备的外露部位、拐角、边缘处均倒圆处理,预防舱内人员意外剐蹭伤害;

(4)当设备处于运转状态时,提供防护装置,保护操作人员免受运动部件造成的伤害;

(5)支承件、导轨、电缆卡箍和安装螺钉设计成在最大加速度条件下支承其上的装置,能经得住偶发误用的情况;

(6)在可能会发生安全性危险的地方增加清晰明显的标识。

火控系统通过以上机械安全性设计措施,保证了整车使用的机械安全。

2.电气安全性

(1)供配电安全性。火控系统智能配电箱具有对配电支路进行监控和保护的功能,可监测各支路电流,当配电支路发生短路、断路、过压等故障时可及时保护和报警;当配电支路电压大于设定电压上限阈值时,自动切断配电输出;当配电支路电压小于设定电压下限阈值时,自动切断配电输出。

同时,智能配电箱具有电源系统监测功能,可根据供电并网状态、电源状态及配电输出状态,评估当前供耗电平衡性,一旦出现供电不足及时报警,并可根据不同工况下设备的优先级保障重点设备用电。

另外,智能配电箱充分考虑配电安全操作规程,为避免按键和开关误碰触产生配电误操作,需先按下动作执行按键,再配合控制按键才能起作用。

(2)火箭弹发射控制安全性。发动机点火电路设置了人工控制(车内/车外切换开关、车内/车外保险锁和发射按钮),联锁控制,计算机控制等级安全控制保护措施。

(3)自动调炮控制安全性。

1)在行军固定器未解脱、千斤顶未支撑到位、传动未开启等状态下,火控系统能够自动对其状态进行识别和判断,严禁调炮并在操控台界面上进行安全性提示;

2)操瞄调炮超出调炮范围时,火控系统能够自动判断和提示,同时射角限制器会进行限制,并禁止调炮;

3)自动调炮过程中出现异常时,火控系统能够自动判断并终止调炮;

4)车体倾斜程度过大时,火控系统禁止调炮并给出提示;

5)设计自动调炮规避策略,如果火箭炮的高低小于设定的最低可调炮值,方位向无法调炮,只能高低调炮,从而确保在低角度调炮时人员和设备安全;

6)增加收炮到位信号和固定器锁紧到位指示灯,确保自动收炮到位。

3.硬件及接口安全性

(1)火控系统设备布置于机柜内,通过螺栓固定到机柜上与车体刚性连接,确保行驶、发射状态下设备安全;

(2)硬件设备的不同接口采用不同型号接插件,防止误插;

(3)硬件设备在预期的振动环境下顺利完成其全部功能;

(4)为重要设备配备减震安装架,比如智能配电箱等;

(5)设备接口处与连接电缆的名称标识明显,电缆标牌、字体与电缆色差明显;

(6)布线按照设备连接关系、信号类型区分规划,保证不受固定方式、弯曲、活动、工作环境等因素的影响而产生故障。

4.软件安全性

为保障软件运行安全,防止用户误操作给软件的运行和内部数据造成破坏,本软件采取的防护措施如下:

(1)输入信息的合法性检查。界面对输入值边界值进行限制,防止输入超值范围的数据。

(2)关键操作的提示。发射控制流程中遇到错误情况,实时显示并及时提醒操作人员,按下发射按钮前,某发火箭弹处于关键错误状态时,发射控制软件自动阻止该火箭弹的发射;保险锁在非正常流程状态下处于打开状态时,实时提醒操作人员;在执行自动操瞄调炮操作之前,增加确认操作。

(3)操作安全性设计。在进行火箭弹发射前准备工况流程时,操作人员可随时终止发射流程;在自动操瞄调炮过程中,界面有醒目的停止按钮,可随时停止流程;在调炮前,火控系统对炮车状态进行判断,若不满足调炮条件,不能自动操瞄调炮;在上一次自动操瞄调炮未完成时,为防止失控,不允许再次自动操瞄调炮。

5.信息安全性

火控系统对系统关键状态设置、参数修改、防用户误操作、数据安全等方面采取了安全性设计。

(1)数据集中存储:系统参数、系统日志、报文履历等内容在火箭炮控制箱集中存储,存储数据唯一性防止局部更新或修改不完整造成的数据不一致;

(2)用户身份权限设计:在终端的系统管理和系统设置功能的使用中设立用户密码,防止未授权用户对该功能的操作。

5.3　维修性设计

维修性设计依据型号《立项论证报告》《研制总要求》及研制合同中规定的维修性设计要求,指导设计人员进行产品的维修性设计,进而提高产品设计质量。型号维修性设计应在方案阶段就着手,随着设计的开展,根据产品技术状态的变化不断改进和完善,并在工程样机设计阶段确定其内容和说明,实现维修性要求。

5.3.1 维修性详细设计与分析

维修性设计应重点分析产品层次、功能和结构特点,以及影响维修性的因素和问题,明确覆盖产品层次范围,以及产品对象组成类别。产品层次范围包括型号、系统、分系统、设备、部件及元器件等。不同层次的产品,由于其特性不同,维修性设计存在一定的差异;产品对象组成类别包括电子产品、机械产品、软件产品以及这些产品的各种组合等,不同类别的产品维修性设计也是不同的。

维修性设计一般包含简化设计、可达性、标准化/模块化、防差错措施及识别标识、维修安全性、贵重件的可修复性、人机工程要求、不工作状态的维修性、便于战场抢修的特性、防静电损伤等内容。

简化设计是在满足功能和使用要求下,尽可能采用最简单的结构和外形,或简化使用和维修人员的工作(如维修规程简单明确)。

可达性是指在维修产品时,接近维修部位的难易程度。可达性的好坏,直接影响产品的可视、可接触检查,工具和测试设备使用以及产品修理或更换。合理的结构设计是提高产品可达性的重要途径。

标准化是减少元器件和零部件等的种类与型号,方便人员维修;模块化是将产品设计为可单独分离的,具有相对独立功能的结构体,可实现部件互换通用,便于快速修理。标准化/模块化设计思想的采用,有利于产品的设计和生产,特别是在战场抢修时,模块化更换维修具有十分重要的意义。

防差错措施是从设计上入手,保证维修作业不会发生错误;识别标识是在使用产品或进行测试工作时所标注的记号。比如:外形相近的不同零部件在安装时容易发生错装,应从结构上进行区分或增加明显的识别标识。

维修安全性是保证维修人员或设备安全,避免遭受损伤或损坏的设计措施。它包括防机械损伤、防电击、防高低温、防火防爆和防噪声等。

贵重件的可修复性是指生产成本高的零部件发生故障后不要简单地报废,应尽量考虑修复后能够重新使用。

人机工程要求是考虑在维修作业过程中,从人的生理、心理因素的限制角度开展的设计,使维修人员在正常的生理心理约束下完成维修工作。人机工程要求与可达性、维修安全性和防差错等相关联。

不工作状态的维修性是一种预防性维修设计,在装备不工作期间,提供抵抗恶劣环境和增加存储寿命的能力。比如,对弹药类装备,可设计检测的通信接口,方便定期检测维护。

战场抢修的特性是指在战场上,时间紧、环境复杂、抢修方法灵活,常常与标准化/模块化设计相关联。

防静电损伤不光是在可靠性设计、安全性设计中考虑,还应重点在维修性设计中考虑。静电的产生会给维修操作带来新的问题,增加难度。以往由于未采取防静电措施而引起的事故时有发生,在设计时应加以重视。

维修性设计符合性分析与检查也是一项重要的维修性工作。通过分析与检查,有助于发现产品设计中存在的维修性隐患,能够为提高产品维修性水平提供良好的支持。在型号研制过程中应对维修性设计贯彻情况进行分析,确定产品维修性设计是否符合维修性要求,并确定存在的问题,尽早采取改进措施。将分析结果编制成维修性分析报告,经型号总师系统批准,作为维修性评审资料之一。研制单位应积累产品维修性设计信息或数据,建立产品维修性信息库,作为维修性设计经验和教训以供相似型号使用。

5.3.2　维修性分配与预计

维修性分配是将产品的维修性指标分配到规定的层次,明确各层次产品的维修性指标,为各层次设计人员提供维修性设计指标。维修性分配应该在型号论证阶段就开始进行,并随着研制工作的深入而逐步深化。一般来说,最常见的维修性分配指标包括平均修复时间(MTTR)、平均预防性维修时间(MPMT)和维修工时率 M_1。对于具体的维修性分配工作,应按照任务书要求,针对具体参数指标进行分配。

进行维修性分配时,应遵循以下原则:

(1)维修性指标是按哪一级维修级别规定的,就应按该级别的条件及完成的工作分配指标。

(2)维修性分配要将指标自上而下一直分配到需要进行更换或修理的低层次产品,直至不再分解的可更换单元为止。要按产品功能与结构关系根据需要划分产品。

(3)维修性分配中要注意环境对故障频率和维修性参数的影响,对不同的产品、不同的环境应引入不同的环境因子来考虑,根据具体结构情况留有适当的余量。

(4)对于新产品的设计,维修性分配应以涉及每个功能层次上各部分的相对复杂性为基础,故障率较高的部分一般应分配较好的维修性。

(5)若型号是过去设计演变而来的,则维修性分配应以过去的经验为基础。

常见的维修性分配方法有按故障分配法、相似产品分配法、按可用度和单元复杂度的加权因子分配法、按故障率与设计特性的加权因子分配法。各种不同分配方法的适用阶段、分配参数、前提条件和需要数据等的比较见表 5 - 10。

表 5 - 10　维修性分配方法比较

	维修性分配方法			
	按故障分配法	相似产品分配法	按可用度和单元复杂度的加权因子分配法	按故障率与设计特性的加权因子分配法
适用阶段	方案阶段和工程研制阶段	论证阶段、方案阶段和工程研制阶段	论证阶段和方案阶段	方案阶段和工程研制阶段
分配参数	MTTR、MPMT	MTTR、MPMT、M_1	MTTR、MPMT、M_1	MTTR、MPMT
前提条件	已有可靠性指标且故障时间服从指数分布	相似产品的维修性数据较全	需要保证系统可用度并考虑各单元复杂性差异的,有可靠性数据	型号的设计特性(复杂性、可测试性、可达性等)很清楚,有可靠性数据
需要数据	型号的组成结构以及各组成单元的故障率数据	相似产品的总平均维修时间以及相似产品各个单元的平均维修时间	要求的系统可用度以及各单元的元件个数及故障率	型号各单元的设计方案(复杂性、可测试性、可达性等)和故障率

维修性分配步骤为:①分配要求分析;②分配对象分析;③获取数据;④分配方法选取确定;⑤指标分配;⑥结果分析和判断;⑦完成分配报告。分配步骤流程图如图 5 - 2 所示。

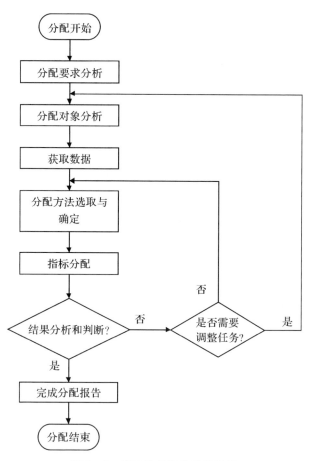

图 5 - 2 维修性分配步骤流程图

维修性预计是通过比较不同方案的维修性水平,找出最优维修性方案,为维修性设计提供依据。在方案论证阶段就应着手维修性预计工作,随着研制工作的深入而逐步深化,必要时要对预计结果进行适当修正。一般来说,最常见的需要预计的维修性参数包括平均修复时间、平均预防性维修时间、给定百分位的最大修复时间 M_{max} 和维修工时率。对于具体的维修性预计工作,应按照任务书要求,针对具体参数指标进行预计。

进行维修性预计时,应遵循以下原则:

(1)维修性预计应重点考虑在基层级维修的产品层次,基地级维修的产品因维修性要求相对较低,可适当减少维修性预计方面的工作投入。

(2)维修性预计时应妥善处理结构分解中不同产品间的接口关系,既要避免重复预计,又要避免遗漏。

(3)维修性指标要区别清楚是修复性维修还是预防性维修,或是二者的组合,相应工时与维修频率不能混淆。

(4)维修性预计一般按照产品结构层次划分,逐层展开,与维修性分配的层次保持一致。

(5)应充分重视并参考相似产品的维修性数据或经验,以降低预计的误差。

常见的维修性预计方法有单元对比预计方法、初步时间累计预计方法和精确时间累计预计方法。各种不同预计方法的适用阶段、分配参数、前提条件和需要数据等的比较见表5-11。

表 5-11　维修性预计方法比较

	维修性预计方法		
	单元对比预计方法	初步时间累计预计方法	精确时间累计预计方法
适用阶段	方案阶段和工程研制阶段	初样设计阶段	正样设计阶段
预计参数	MTTR、MPMT	MTTR、MPMT、M_1	MTTR、MPMT、M_1
前提条件	已有至少一个单元(基准单元)的维修时间与维修频率数据	已知各单元维修活动的流程及各项维修活动发生的频率	需要已知各故障检测与隔离的方法,以及相应的维修活动的频率与时间
需要数据	基准单元的维修时间与维修频率数据以及其他各组成单元与基准单元在复杂性、维修性方面的大概比较	各单元故障率、基本维修作业时间及维修作业频率	各单元故障率、各单元的每种故障检测与隔离方式、基本维修作业时间、维修作业频率等

维修性预计步骤为:①分析维修性预计的任务要求,明确预计的参数;②分析维修性预计的产品对象;③明确并收集维修性预计所需的信息;④确定适当的预计方法进行预计;⑤对结果进行适当的修正;⑥编制维修性预计报告。

5.3.3　维修性主要设计措施

火控系统依据维修性要求,综合上述的维修性设计,重点将可更换单元设定为维修对象,以测试性作为维修基础,进一步完善各可更换单元的可维修性设计,在基层级、基地级的维修保障体系支撑下,保证系统任务的可靠性。

火控系统主要维修性设计包括以下方面:

(1)火箭炮控制箱、发射控制箱采用 LRM 结构设计,各个功能模块的备件均可在现场快速完成更换。

(2)炮长操控台和操控台的液晶显示屏完全一致,具有良好的互换性,且拆卸安装方便,可以现场互换;同时,某一个操控台失效,其他操控台仍可按照要求完成作战任务。

(3)车载惯导装置能够检测出里程计和高程计故障,并能够快速在现场完成更换;惯性测量装置由于需要对光纤陀螺、加速度计、导航计算机板进行校正,必须由专业技术人员更换或维修,应在基地级(修理营)或返厂完成。

(4)智能配电箱按照模块化设计,主控模块、信号采集模块、检测模块、功率模块、蓄电池监测模块和人机交互模块均可在基层级进行维修。

(5)火控系统所有电缆都有电缆编号、连接位置标示,方便查找。

(6)所有紧固件、密封件、减振器等均进行统一规定,所有选用器件均保持一致,便于部队维修保障。

(7)火控系统所有电连接器、插接式模块(电路板)等都具有防差错设计。

(8)火控系统具有总线记录功能,能够对总线数据进行实时存储,出现故障时能够在线解析总线数据,快速定位故障原因。

(9)火控系统具有嵌入式故障诊断功能,能够根据故障现象,结合专家知识和原理经验给出维修措施。

(10)使用维护说明书具有对常见故障分析与排除的详细内容,图文并茂,能指导使用人员对火箭炮日常维护、常见故障的排除。

|5.4　测试性设计|

测试性设计主要根据装备提出的测试性要求,选用合适的设计方法,开展各项测试性设计工作,使装备达到规定的测试性要求,提高装备的状态监测和故障诊断能力,进而提升装备的战斗力。型号测试性设计应在方案阶段就着手,随着设计的开展,根据产品技术状态的变化不断改进和完善,并在工程样机设计阶段确定其内容和说明,实现测试性要求。

测试性要求一般分为定性要求和定量要求,系统的定量要求还需要分配给分系统或设备作为设计依据。测试性定性要求主要包括嵌入式诊断要求(状态监测、机内测试故障检测、故障隔离等)、自动测试设备检测要求、人工检测要求等。测试性定量要求主要包括故障检测率(一般是 $80\%\sim98\%$)、隔离率(一般是 $85\%\sim99\%$,隔离到一个现场可更换单元)和虚警率(一般是 $1\%\sim5\%$)。

5.4.1 测试性详细设计与分析

测试性设计应重点分析产品层次、功能和结构特点,以及影响测试性的因素和问题,明确覆盖产品层次范围,以及产品对象组成类别。产品层次范围包括型号、系统、分系统、设备、组部件等。不同层次的产品,由于其特性不同,测试性设计存在一定的差异;产品对象组成类别包括电子产品、机械产品、软件产品以及这些产品的各种组合等,不同类别的产品测试性设计也是不同的。

型号测试性设计是规定系统、分系统或设备制定测试性设计要求的最顶层,主要包括制定测试性设计要求、实现测试性定性设计要求的有关具体规定及测试性设计的一些通用条款,如测试要求、诊断能力综合、性能监控、机械系统状态监控、划分等。

系统级产品的测试性设计是系统测试性设计时应遵循的条款,主要内容包括测试要求、诊断能力综合、性能监控、机械系统状态监控、测试控制、测试通路、划分、测试点、传感器、连接器、兼容性设计和系统机内测试(BIT)设计等。

分系统或设备级产品的测试性设计是分系统或设备测试性设计时应遵循的条款,主要内容包括测试要求、诊断能力综合、性能监控、机械系统状态监控、测试控制、测试通路、划分、测试点、传感器、连接器、兼容性设计、系统机内测试(BIT)设计、结构设计、射频电路测试性和元器件测试特性等。

测试性设计的一般内容与应用见表 5－12。

表 5－12 测试性设计的一般内容与应用

类　别	系　统	分系统或设备	电　路
测试要求	√	√	√
诊断能力综合	√	√	×
性能监控	√	√	×
机械系统状态监控	√	√	×

续表

类　别	系　统	分系统或设备	电　路
测试控制	√	√	√
测试通路	√	√	√
划　分	√	√	√
测试点	√	√	√
传感器	√	√	×
连接器	√	√	√
兼容性设计	√	√	×
系统机内测试（BIT）设计	√	√	√
结构设计	√	√	√
模拟电路设计	×	×	√
数字电路设计	×	×	√
大规模集成电路设计	×	×	√
射频电路设计	×	√	√
元器件测试特性	√	√	√

注：√—适用，×—不适用。

测试要求是在各维修级别上，对每个被测单元确定使用机内测试和自动测试设备进行故障检测和故障隔离。

诊断能力综合是在每一维修级别上，确定保证测试资源与其他诊断资源（技术、人员）相兼容的方法，并写入相关文件。

性能监控应根据故障模式及影响分析确定要监控的系统性能，其输出显示应符合人机工程要求，确保以最实用的形式为用户提供信息。

机械系统状态监控应与其他性能监控功能结合起来，进行预防性维修分析，制定计划维修程序。

测试控制包括电路应尽可能容易和简单，余度原件能进行独立测试，测试设备将被测单元划分为较小的可独立测试部分，系统总线作为一个独立整体进行测试，测试设备能访问数据总线、地址总线和重要控制线路，在器件高扇入的节点上设置测试点，为高驱动能力的控制信号设置输入缓冲器等。

测试通路设计包括信号线和测试点应设计成能驱动测试设备的容性负载，测试设备能监控电路板上的时钟，电路的测试通路点位于器件高扇出点上，采用缓冲器保护因偶然短路可能损坏的测试点，测试设备的测量精度满足被测单元的容差要求等。

划分是将需要测试的全部元器件安装在一块印制电路板上,若有混合功能,须将数字电路和模拟电路分开测试;故障不能准确隔离的元器件应放在相近区域,作为一个可更换单元;对于复杂的可更换单元,应进行电路隔离,以简化故障隔离和缩短测试时间;尽量把数字电路、模拟电路、射频电路和高压电路划分为单独的可更换单元等。

测试点用于定量测试、性能监控、故障隔离、校准或调整等,测试点应与设计的自动测试设备兼容,做有与维修手册规定一致的明显标志。

传感器是把特定参量(非电量)转换为便于测试分析形式(电量)的一种装置,应尽可能少用或者不用。如必须使用,也尽量优先使用无源传感器,避免使用需要校准的传感器,在使用传感器时应采取增加滤波器设计使电磁辐射干扰降到最低。

连接器的设计应考虑在同一类设备中,模块采用相同类型的连接器,减少备件的数量的类型;尽量使用标准连接器;连接器应安装在可达的地方,便于维修和更换;如果可能的话,应使用零插拔力连接器,即在插拔连接器时所需的力最小;应避免使用专用的插拔工具。

兼容性设计是指设计的所有测试点、BIT 电路、余度电路等不能相互产生影响,可良好地进行故障隔离。另外,所有装配和拆卸的可更换单元应尽可能采用模块化设计。

系统机内测试(BIT)设计应采用积木式方式(即在测试一个功能之前应对该功能的所有输入进行检查),充分利用功能电路,使组成 BIT 的软硬件和固件的配置最佳。BIT 应具有保存联机测试数据的能力,以便分析维修时不能复现的间歇性故障;应对 BIT 传感器进行滤波处理,尽量减少虚警;任务软件应具有足够的检测硬件错误的能力。

结构设计包括组部件之间应留有足够的空间,方便测试设备进行测试;尽量减少专用连接器的使用;项目的预热时间尽可能短,以便测试时间最短;每个硬件部位均应有清晰的标识等。

元器件测试特性设计包括优先选择具有良好测试性的元器件及内部结构和故障模式可充分掌握的集成电路;使用元器件的品种和类型应尽可能地少;如果性能要求满足,应使用标准元器件而不使用非标准件。

5.4.2 测试性主要设计措施

火控系统以测试性需求分析为测试目标,可更换单元为测试对象,根据可靠性的故障模式及影响分析和危害性分析(Failure Mode,Effects and Criticality Analysis,FMECA)分析结果,确定测试性的保障重点,形成火控系统测试方案,根据系统测试方案,可统计火控系统测试性可更换单元。如图 5-3 所示。

根据火控系统测试方案,进一步完善各可更换单元的测试性设计,保证系统任务的可靠性。火控系统主要维修性设计措施包括以下方面:

(1)火箭炮控制箱、发射控制箱、车载惯导装置、智能配电箱等单体均具备 BIT 检测能力,可将检测结果和故障信息通过以太网发送到火箭炮控制箱,最终在人机交互单元上进行显示告警;

(2)人机交互单元可以显示火箭炮控制箱采集的安全联锁箱、高低传感器、方位传感器、高低驱动器和方位驱动器的检测结果及故障信息;

(3)显示控制软件能够对非法操作、格式错、无效计算结果等自动判断和报警,及时发现下级设备异常状态,提高系统测试能力;

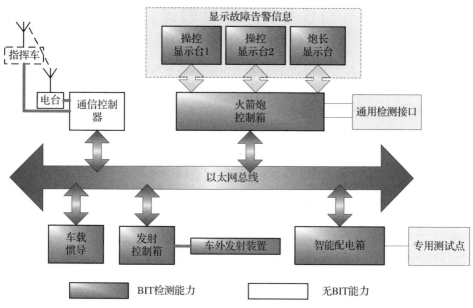

图 5-3　火控系统测试方案

(4)火箭炮控制箱具有日志记录功能,能够记录系统工作时间、状态、发射弹药数、千斤顶放列次数,液压系统工作时间,可以提高系统预防性维修能力;

(5)数据管理软件能够记录主要设备的工作状态和故障信息等,可以提高系统出现故障时测试能力;

(6)总线记录模块能够实时记录 CAN 总线和以太网的数据,并对记录的数

据进行存储和备份,能够在出现问题时在线解析总线数据,有效提高系统故障定位能力;

(7)嵌入式故障诊断软件能够根据故障现象和总线数据信息,结合故障树和经验库相关知识,给出故障类型、原因以及维修建议,提高系统出现故障时测试能力;

(8)智能配电箱能够对供电模式、供电状态、配电状态及主要设备供电电压、电流进行实时检测,并将检测结果上报人机交互单元显示;

(9)智能配电箱设置专用检测点,能够检测智能配电箱给各个单体的供电情况;

(10)火控系统留有通用检测接口,能够通过以太网或者 CAN 总线将日志信息、总线记录数据、故障信息等信息传输给检测设备进行测试。

|5.5 保障性设计|

保障性设计依据型号《立项论证报告》《研制总要求》及研制合同中规定的保障性设计要求,指导设计人员进行产品的保障性设计,进而提高产品设计质量。型号保障性设计应在方案阶段就着手,随着设计的开展,在型号设计开始前发布,并在工程样机设计阶段认真贯彻实施。

保障性设计对产品设计、工艺、软件和其他方面提出设计要求,确保产品保障性达到定量要求。根据以往的研制经验,对设计进行更为全面的分析和考虑,降低设计分险,提高产品的保障性。设计人员可通过系统保障性设计实现产品性能与保障性相互融合。

5.5.1 保障性详细设计与分析

保障性设计应重点分析产品层次、功能和结构特点,以及影响保障性的因素和问题,明确覆盖产品层次范围,以及产品对象组成类别。产品层次范围包括型号、系统、分系统、设备、部件及元器件等。不同层次的产品,由于其特性不同,保障性设计存在一定的差异;产品对象组成类别包括电子产品、机械产品、软件产品以及这些产品的各种组合等,不同类别的产品保障性设计也是不同的。

型号保障性设计主要是保障资源设计。设计人员设计保障资源应能够满足平时战备完好性和战时使用要求。保障资源包括供应品、保障设备、保障设施、技术资料、保障人员、训练保障资源、包装、存储和运输资源、计算机资源等。

1.供应品设计准则

(1)尽量将作为备件的设备设计成系列化、互换程度高的设备;

(2)备件供应应规划考虑平时和战时的区别,战时除正常消耗外,还要考虑战损的影响;

(3)选择合理影响因素确定供应品的品种;

(4)确定合理的供应品库存点,制订经济的供应品供应计划;

(5)区分备件供应的阶段,如初始备件和后续备件,明确各阶段备件供应的要求,积极探索各阶段备件消耗规律。

2.保障设备设计准则

(1)尽量采用现有保障设备;

(2)尽量采用通用保障设备;

(3)尽量采用自动检测设备;

(4)尽量减少保障设备的品种和数量;

(5)考虑软件维护所需的保障设备和工具。

3.保障设施设计准则

(1)尽量提高现有设施的利用率,减少新设施的建设需求;

(2)尽量采用通用保障设施,兼容不同型号;

(3)设施应建在交通便利、方便开展工作的地点;

(4)要考虑设施的维护以及对现有设施的影响;

(5)减少设施的数量。

4.技术资料设计准则

(1)在满足使用和维护要求的条件下尽量减少技术资料的种类;

(2)提高技术资料的正确性;

(3)提高技术资料的可读性;

(4)考虑保障系统自身技术资料的编制;

(5)技术资料要便于维护,及时随型号技术状态的变化进行更新;

(6)要考虑软件维护所需的技术资料。

5.保障人员设计准则

(1)合理划分技术人员专业与技术等级,合理规划对保障人员的培训计划;

(2)尽量降低对保障人员的技术水平要求；

(3)保障人员的技术等级应尽量减少；

(4)使用及维修型号的人员数量应尽量减少；

(5)应考虑保障人员因调动造成的影响,补充新的保障人员的培训；

(6)要考虑战场条件下应急抢修人员的配备。

6.训练保障资源设计准则

(1)简化型号的训练要求,降低对教员的要求；

(2)尽量减少训练器材的品种和数量；

(3)训练器材的研制应与型号的功能相匹配；

(4)有明确的使用与维修人员的训练计划；

(5)训练教程的编制应通俗易懂。

7.包装、存储和运输资源设计准则

(1)采用标准的包装容器和防护方法；

(2)尽量设备采取模块化设计；

(3)尽可能避免在运输过程中使用特殊包装方法及储存设施；

(4)明确规定设备包装、装卸、储存和运输要求；

(5)明确静电敏感物品和危险器材的包装、装卸、储存和运输要求。

8.计算机资源设计准则

(1)要统一规划型号中软件的操作系统；

(2)要规定软件体系结构要求；

(3)要明确软件、测试程序和测试设备升级要求；

(4)要规定代码复用要求,代码应有清楚的注释；

(5)提出计算机系统的安全保密、敏感信息保护、关键性硬件(编译器、仿真器)选配原则。

保障性设计符合性分析与检查也是一项重要的保障性工作。分析与检查有助于发现产品设计中存在的保障性隐患,能够为提高产品保障性水平提供良好的支持。在型号研制过程中应对保障性设计贯彻情况进行分析,确定产品保障性设计是否符合保障性要求,并确定存在的问题,尽早采取改进措施。将分析结果编制成保障性分析报告,经型号总师系统批准,作为保障性评审资料之一。研制单位应积累产品保障性设计信息或数据,建立产品保障性信息库,作为保障性设计经验和教训以供相似型号使用。

5.5.2　保障性主要设计措施

火控系统依据保障性要求,综合上述的保障性设计及分析,着重从建立保障系统、制订保障方案和保障计划、编制各种维修保障资料和维修调试保障设备等几方面进行保障性设计。火控系统主要的保障性设计措施如下:

(1)在火控系统的寿命周期内,综合考虑装备的保障问题,确定保障性要求,影响装备设计,规划保障并研制保障资源,建立保障系统,以最低费用提供所需保障。

(2)制订保障方案和保障计划,包括规划保障,人力与人员,供应保障,设备保障,技术资料,训练与训练保障,资源保障,保障实施,包装、装卸、储存和运输、设计接口等,满足装备功能的综合保障要求,并与设计方案相协调。

(3)火控系统编制了维修大纲,明确维修人员需求数量、技术职务、专业、工种及各级修理机构的任务分工。

(4)按照预防性维修和修复性维修方式,制订维护保养计划和预防性修理方案,明确各级维修采用的维修方式和模式。

(5)根据维修方式和任务分工,提出各级维修设备清单及落实办法。

(6)编制各种维修资料,包括使用说明书,电路原理图,结构图,装配图,接线图,维修器材目录,维修任务分配表,维修手册等。

(7)同步研制了系统的维修调试保障设备,与装备一同投入使用,能够迅速定位故障并修复,降低了对维修人员的技能和数量要求,满足了平时训练和作战的需要。

|5.6　环境适应性设计|

环境适应性设计为确保装备环境适应性而采取的一系列设计和工艺措施,包括减慢环境影响的措施和提高装备自身抗环境作用能力的措施。环境适应性设计依据型号《立项论证报告》《研制总要求》及研制合同中规定的环境适应性设计要求,指导设计人员进行产品的环境适应性设计,进而提高产品设计质量。型号环境适应性设计应在方案阶段就着手,随着设计的开展,在型号设计开始前发布,并在工程样机设计阶段认真贯彻实施。

5.6.1　环境适应性设计原则

进行环境适应性设计时,可按下列原则进行。

(1)减缓影响产品的环境应力,增强产品自身耐环境应力的能力。环境适应性设计首先应综合考虑所设计产品可能经受到的各种环境因素及其应力,采用减缓环境应力的措施来增强自身耐环境应力的能力,即通过有效的防护设计、材料、工艺等达到所设计产品的环境适应性要求。

(2)逐级明确防护对象和防护等级。环境适应性设计应重点分析产品层次、功能和结构特点,明确覆盖产品层次范围。产品层次范围包括型号、系统、分系统、设备、组部件和元器件等。不同层次的产品,由于其特性不同,环境适应性设计存在一定的差异,应逐级明确防护对象和防护等级。

(3)建立有效、合理的防护体系。环境适应性设计应从多方面入手,采用合理的结构设计,正确选择材料,严格进行计算并确定使用应力,选用成熟的加工、装联工艺,建立有效、合理的防护体系。

(4)综合考虑环境因素的不良影响。一种环境因素可能产生多种不良影响,一种不良影响往往是多种环境因素协同作用的结果,设计时应予以综合考虑。

5.6.2　环境适应性设计准则

环境适应性设计一般包括耐高低温设计、防潮防湿热设计、防霉菌设计、防腐蚀设计、防尘、防雨和太阳辐射设计、抗振动和冲击设计。

1.耐高低温设计准则

(1)产品的结构应综合考虑机箱的功率密度、电路板的总功耗、热源分布等因素,以此确定最佳的冷却方法。

(2)电子元器件的最大结温的减额设计应符合相关技术指标要求。

(3)大功率器件应根据温升限值,设置散热器或冷却装置。

(4)热敏器件的位置应远离热源。

(5)功能关键器件应采取一定的冗余设计。

(6)带导热条的模块与机箱之间应保证有足够的接触面积。

(7)尽量选择对温度变化不敏感的材料,采用成熟的、多年实践证明可靠的金属和非金属材料。

2.防潮防湿热设计准则

(1)尽量选择防潮防湿热的材料,如铸铁、铸钢、不锈钢、钛合金钢等金属材料以及环氧型、有机硅等绝缘防护材料。

(2)使用有机绝缘漆涂覆材料或设备表面,提高防潮防湿热能力。

(3)在设备内部放置防潮剂或吸水性好的材料,并定期更换。

(4)采用环氧树脂、硅胶等有机绝缘材料涂覆到元器件表面或与机壳的缝隙中。

(5)对关键零部件采用密封装置。

(6)为防止设备在储存和运输过程中受潮,应采取防潮包装。

3.防霉菌设计准则

(1)在不影响产品性能前提下,尽量采用气密性外壳结构,内部空气应干燥清洁,空气湿度较小。

(2)选用常见的耐霉性材料,如聚乙烯、聚三氟氯乙烯和硅酮树脂等。

(3)金属虽不利于霉菌的生长,但其表面也应经过适当处理,防止污染霉菌的营养物质。

(4)当使用的材料和元器件达不到耐霉性要求时,必须作防霉处理,比如在非耐霉材料生产过程中直接加入防霉剂,在非耐霉元器件表面涂覆防霉涂料等。

(5)为防止设备在储存和运输过程中长霉,应采取防霉包装。

4.防腐蚀设计准则

(1)采用密封式结构:模块单元单独密封,插箱局部密封,机箱整体密封。

(2)外壳顶部不允许采用凹陷结构,避免因积水导致腐蚀。

(3)外壳结构应优选无缝结构,若必须采用其他结构,应增加密封性措施,比如选用永久性变形小的硅橡胶"O"形密封条等,确保其密封性。

(4)外壳与开关、电缆插头座等连接部位应采取相应的密封措施。

(5)优选杂质含量低、耐腐蚀的材料。

(6)为防止设备在储存和运输过程中腐蚀,应采取防腐蚀包装。

5.防尘、防雨和太阳辐射设计准则

(1)外部设备结构应简单、光滑,避免外形过于复杂。

（2）外部设备结构应具备足够的刚度和强度。

（3）外部设备采用密封式结构，尽量消除缝隙结构。

（4）应重点考虑太阳辐射和雨水可能带来的温度冲击效应。

（5）外部设备表面应涂有经试验验证过的特种涂覆材料，具备防沙尘、雨水侵蚀及防太阳辐射引起老化的能力。

6.抗振动和冲击设计准则

（1）以垂向振动作为设计要求。

（2）设备应设计有隔振缓冲系统，平均碰撞传递率小于1。

（3）机柜和设备的固有频率应设计在 30～70 Hz 之间，并尽量靠近 30 Hz。

（4）机柜和设备应设置安全保障装置，确保减振系统失效时，设备仍处于可靠的支承状态。

（5）电缆应有固定装置，减少电缆插座和连接器之间的振动应力。

（6）电路板必须采取加固限位措施，多块电路板之间应有限制基频共振的限位措施。

5.6.3 环境剖面的分析

火控系统环境剖面是火控系统在全生命周期各阶段所经历事件过程中遇到的各种环境要素排列。为满足火控系统的可靠性、环境适应性等要求，应结合火控系统环境适应性要求，确定主要考虑的环境要素，制定合理的全生命周期环境剖面。

制定火控系统环境剖面时，要明确产品在不同的任务阶段经历的环境要素，明确可能对产品的功能性能和可靠性产生的影响。其一般步骤为：

（1）确定产品从出厂验收到生命周期结束所经历的事件或任务。

（2）确定用于产品设计和试验的自然和诱导环境或组合环境。

（3）按不同的任务阶段绘制环境剖面图，注明主要的环境要素、经历时间。

根据装备环境使用要求和预期战场环境，针对火控系统组成和系统内各装备特点和环境条件（布置位置及所处环境条件等），分析产品在作战/训练、运输、储存/后勤三种任务剖面下，产品寿命期的环境剖面状况，梳理可能遇到的自然环境和产生的诱发环境的类型。产品寿命期环境类型分析清单见表 5-13。

表 5 – 13 火控系统寿命期环境类型分析清单

产品名称	寿命期任务	自然环境应力	诱发环境应力
火控系统	训练/作战	高温、低温、湿热、雨、沙尘、冲击、振动、盐雾、太阳辐射、霉菌生长等	机动加速度、发射/搬运/道路起伏冲击、道路起伏振动、电磁干扰等
	运 输	高温、低温、雨、湿热、沙尘、冲击、振动、盐雾等	公路/铁路冲击、振动、搬运冲击(跌落/倾倒)
	储存/后勤	高温、低温、沙尘、盐雾、霉菌生长、化学侵蚀等	无

5.6.4 环境适应性主要设计措施

1.温度适应性主要设计措施

火箭炮驾驶室主体结构为金属材料,三面为玻璃窗体。在阵地存放、系统不工作、窗户密闭状态下,太阳辐射会造成驾驶室温升。根据《军用设备气候极值 地面气温》(GJB 1172.2—1991),我国高温气象极端为 45.5 ℃(新疆吐鲁番,1%时间风险率),对应的诱发温度为 71 ℃。系统工作时,打开驾驶室的窗户,空气对流可以极大地降低太阳辐射造成的温升。根据《军用装备实验室环境试验方法第 3 部分:高温试验》(GJB150.3A—2009),我国高温日循环环境空气温度最高为 49 ℃。车载惯导装置、北斗一体机和摄像头长期处于外部暴露状态,其工作和储存温度基本上与外界环境温度一致,工作温度不会超过 49 ℃,储存温度不会超过 71 ℃。对于有遮蔽的产品,不直接暴露在太阳辐射下,其高温环境受太阳辐射的诱发环境影响小,根据以往项目经验,实测验证其高温极限温度也不会超过 71 ℃。根据《军用设备气候极值 地面气温》,我国低温气象极端为－44.1 ℃(黑龙江漠河,10%时间风险率)。由于在低温环境中太阳辐射的环境影响小,因此,对于火控系统各单体设备的低温极限温度应相同,并低于低温气象极端值。

依据上述对极限环境温度分析,火控系统的温度适应性设计措施如下:

(1)火控系统的主要单体设备:火箭炮控制箱、发射控制箱、智能配电箱、炮长操控台、操控台、电台、通信网络控制设备和稳压电源等均安装在驾驶舱内,改善了设备的工作环境。

(2)选用的电子元器件均要求满足−55～+85 ℃的环境温度,有些功率型的电子元器件要求满足−55～+125 ℃的环境温度。

(3)选用的接插件使用温度达到了−55～+200 ℃的标准,同时还具有良好的耐盐雾、防潮湿、防霉菌、防淋雨和防沙尘等性能。

(4)选用的连接导线、电缆满足高低温指标,同时具有良好的耐盐雾、防油污、防霉菌、防淋雨和防沙尘性能。

(5)LRM 机箱各个模块采用传导散热结构形式,主要发热元件的热量通过热传导方式散发到模块的壳体上。

(6)对于发热量高的计算机任务板采用热管散热方式。

经过产品耐高低温设计、温度循环环境应力筛选和各种边界试验考核,火控系统各单体设备能够在各种温度环境下正常工作,完成作战和训练任务,满足相关温度适应性指标要求。

2.振动冲击适应性主要设计措施

火控系统各单体设备通过特种钢制螺栓与发射平台固定连接,属刚性连接,行驶过程的路面频谱特性以及火箭弹发射产生的振动冲击直接传递到单体设备上。通过对发射平台的固有频率、振动加速度、冲击加速度、振动能量等各种振动特性分析,确定安装单体设备的环境。同时,运用弹性、断裂等力学知识对设备构件进行抗疲劳计算,确定产品的共振点和动态特性。

火控系统的振动冲击适应性设计措施如下:

(1)火箭炮控制箱、发射控制箱、电台、智能配电箱采用外部安装减振器方式进行减振和缓冲;

(2)操控台、炮长操控台、北斗一体机、通信控制器和车载惯导装置采用内部板级加固和选择高强度材料两种方法提高抗冲击振动能力。

经过抗振动冲击设计、随机振动环境应力筛选和各种行驶试验验证,火控系统各单体设备能够有效抵抗车辆行驶和火箭弹发射过程中所产生的振动冲击,满足相关振动冲击指标要求。

3.其他环境适应性主要设计措施

火控系统的大部分单体设备安装在驾驶舱内部,对其防沙尘、防盐雾、防霉菌、防雨和防湿热等环境适应性的要求较低。车载惯导装置安装在发射平台上,需要加强箱体的防沙尘、防盐雾、防霉菌、防雨和防湿热等环境适应性的措施。车外发射装置在车外发射火箭弹时,需要加强线缆和保险锁、击发按钮等器件的防沙尘、防盐雾、防霉菌、防雨和防湿热等环境适应性的措施。

　　针对火控系统设备的安装环境和对沙尘、盐雾、霉菌、淋雨和湿热等环境适应性分析,着重从密封、表面处理和器件选择方面采取了以下措施:

　　(1)在零件的结合面,对于不可拆卸的,装配时涂密封性胶,对于可拆卸的加装橡胶条;

　　(2)在机壳和壳体、键盘固定板和机壳接合面镶有导电密封条;

　　(3)对外连接器下垫有导电密封垫;

　　(4)终端导电玻璃和箱体的结合处灌封密封胶;

　　(5)在不影响导电性的条件下,零件内表面做涂漆处理;

　　(6)对电装完成的电路板进行三防喷涂处理;

　　(7)键盘按键采用工业硅橡胶,具有良好的防水、防沙尘性能;

　　(8)设备其他按钮在表面均安装有硅橡胶保护套;

　　(9)对于车载惯导装置、北斗一体机、摄像头组件和车外发射装置则通过加强工艺控制进一步提高单体的防盐雾、防霉菌、防沙尘、防雨和防湿热性能。

　　经过产品防盐雾、防霉菌、防沙尘、防雨和防湿热设计,各典型环境试验和各种边界试验考核,火控系统各单体设备能够在各种恶劣环境下正常工作,完成作战和训练任务,满足其他相关环境适应性指标要求。

第 6 章

现代制导火箭火控系统人机工效设计

|6.1　人机工效总体设计|

人机工效又称人因工程、人机工程等。人机工效把人、机、环境系统作为研究的基本对象,运用生理学、心理学和其他相关学科知识,根据人和机器的条件和特点,合理分配人和机器承担的操作职能,并使之相互适应,从而为人创造舒适和安全的工作环境,使工作效率性达到最优。人机工效设计包含外观、形状、结构和使用方法等众多方面。

人机工效设计在武器装备设计中具有重大作用。一件具有好的人机工程设计的产品能够美化产品外观、降低制作和使用成本、改进产品功能,增强产品的安全性、可靠性。

远程火箭火控系统设计过程中应当始终将人、机、环境工程放在重要位置,对全车整体布局、设备外观造型和设备操作界面等进行人性化设计。主要措施包括以下几方面:

(1)人机交互终端采用高亮度液晶显示器,显示清楚细致,适合不同亮度的环境观看。

(2)键盘采用屏边功能键+专用键的方式,极大地提高设备的可操作性,键盘选用环境适应强的橡胶按键,具有背光,适合夜间操作。

(3)人机交互终端操作显示界面采用图元显示方式,保证显示界面风格的一致性,便于部队训练;通过合理布局显示区域,合并和简化显示内容,对人机交互单元显示的内容、符号和显示风格进行统一,方便各操作手观看。

(4)人机交互终端按照作战流程设计操作流程,实现一键式操作。

(5)根据整体工业设计情况确定各单体的外形结构和颜色。

(6)各型地面装备控制器、显示器、标记、编号、标牌等及其在设备和仪表板上的布局应贯彻标准化要求。

经过正样机的人、机、环境工程的设计,火控系统人、机、环境工程得到较大的优化和提高。

6.1.1　人、机、环境设计

1.温度调节

在驾驶舱内部设置了制冷空调,外侧为室外机,内侧为室内机,其出风方向以 45°吹向舱体侧壁,出风大小可以调节。空调制冷可以保证在外界温度为 50 ℃下,30 min 内将驾驶室内部平均温度调节到 30 ℃以下。在驾驶舱仪表台内部中间设置了柴油加热装置,其产生的热风通过加热管道输送至驾驶员和席位 1,出风量和出风方向可以调节。加热装置可以保证在外界温度-40 ℃下,30 min内将驾驶室内部平均温度调节到 0 ℃以上。驾驶舱内的制冷空调和加热装置提高了操作人员的舒适度,保证了操作人员和设备长时间高效工作。

2.内饰设计

驾驶舱主体色调采用浅色调,浅色调包括舱内顶部、侧壁和机架类。设备、仪表台和地板等采用深色调,固定架采用黑色。浅色调选用的是劳尔色卡的灰白色或接近色,深色调选用的是劳尔色卡的石墨灰或接近色。这样的颜色搭配使驾驶舱内部显得大方、庄重和协调。

智能配电箱操控面板采用铝制外壳导光板,透光材质为透明亚克力,LED指示灯外置有弥散片,显示效果均匀不刺眼;面板丝印背光显示清晰柔和,在强光及暗光环境下均可明显辨别。

3.设备安装布局设计

(1)可视性设计。可视性设计使操作人员视野良好,显控设备具有良好的可视性。

人的视野范围如图 6-1 所示。驾驶舱布局设计时,将火控系统 3 台主要的人机交互设备(显示台)设置在操作人员正前方,将不经常操作的智能配电箱、电台、通信网络控制设备设置在操作人员的左侧。这样保证了 3 种主要设备的视界最佳,其余设备也保证有良好的视界。

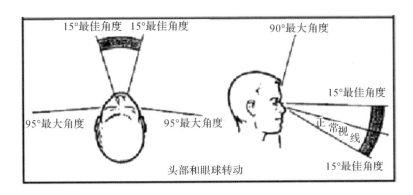

图 6-1　人的垂直和水平视野

(2)可达性设计。可达性设计使操作员可舒适操作主要设备并能够到达次要设备。

据人体工程学研究,成年人体坐姿上肢前伸延长第 5 百分位的距离为 777 mm。驾驶舱的布局中,通信网络控制设备距离席位 1 操作人员最远,其距离不大于 600 mm;智能配电箱距离席位 2 操作人员最远,其距离不大于 600 mm。这个尺寸在成年人坐姿上肢前伸延长第 5 百分位范围内。

(3)其他设计。驾驶舱内部互联电缆布设在机柜内部和仪表台内,通向底盘后部的电缆通过穿墙插座出去,这些都方便布设和更换。火控系统检测口和参数注入口设置了专门接口,这些插座安装在右侧机柜前部的醒目位置,并附有清晰标识。

为了方便操作人员之间的情感交互,组合机柜高度低于 340 mm;为了减小炫光对炮长操控台的影响,在仪表台设计时,在炮长顶部凸出了 50 mm 的前沿,同时增加了侧部深色升降窗帘。

6.1.2　人机接口设计

远程火箭火控系统人机接口主要为操作显示台。

1.席位 1

席位 1 为炮长所在席位,主要操作炮长显示台、通控和电台。

(1)操作空间。在驾驶舱内的人机交互性设备(炮长终端、操控终端 1、操控终端 2 和智能配电箱)操作区高度控制在 600～650 mm,显示区视界控制在 105°～110°,该界在水平线之下 20°～25°,以保证头部和眼睛都处于放松状态。

因炮长操控台安装在驾驶舱副驾仪表盘上,仪表盘和地面成 120°夹角,在满足电气性能的条件下,炮长显示台的人机工程设计显得尤为重要。整个机箱由两部分组成:机壳和壳体均采用铸件。机壳包含 12.1 in,两个区域的开关指示灯、操作键盘。机壳中显示屏固定面设计为与炮长垂直面成 10°夹角,因高度方向受限制,兼顾人机工程设计操作键盘与显示屏成 133°夹角,使用维修操作方便,而且设计中考虑外形尺寸尽量减小以减轻产品的质量,使产品具有总体要求的可靠性,即产品具有一定的电磁兼容性,抗振动冲击能力和密封、防尘、防潮等特性。

通过一体化设计,系统中重要信息集中在三个显示台上显示。

(2)操控设计。机壳中显示屏固定面设计为与炮长垂直面成 10°夹角,因高度方向受限制,兼顾人机工程设计操作键盘与显示屏成 133°夹角,使用维修操作方便。

炮长操控台是火控系统的信息显示设备,是炮长的操作显示人机界面。炮长操控台采用全键盘方式,共 71 个键,其中 F1～F10 共 10 个屏边键。A～Z 共 26 个字母键,0～9 共 10 个数字键,其他按键包含"退出""Tab""Shift""Ctrl""Alt""空格""确认"","""。""+""-""."""上移""下移""上翻""下翻""删除""帮助""↑""↓""←""→""←—"。其中操控面板分为 4 个区,即车内发射控制区(含车内/车外切换开关、保险锁、保险锁通指示灯、击发按钮、发射流程状态指示灯)、倒伏机构控制区(含倒伏机构电源开关、倒伏机构上电指示灯、倒伏机构升降开关、倒伏机构升到位指示灯、倒伏机构降到位指示灯、保险盒)、上电区、USB接口。

2.席位 2、席位 3

席位 2 主要操作操控显示台、智能配电箱等设备。席位 3 主要操作操控显示台。

(1)操控台。根据多数人的右手使用习惯,将电源开关放置于面板的左侧,防止操作人员误操作,并且配置电源指示灯。

1）通过一体化设计，系统中重要信息集中在操控台上显示。

2）采用高亮度液晶显示器，显示清楚细致，适合不同亮度环境观看；键盘采用屏边功能键＋专用键的方式，选用环境适应强的橡胶按键，具有背光适合夜间操作，符合操作人员操作习惯。

3）采用人-机-环工程的设计方法，菜单采用汉字显示，人机交互界面简洁友好，操作简单，显示直观。

4）突出显示屏的主导位置，放置于面板的几何中心。

5）矩阵键盘按键根据功能需求主要由两部分组成，第一部分由 F1～F10 共10 个功能键组成，实现主菜单中的对应位置的子菜单功能；第二部分由 0～9 共10 个数字键和"↑""↓""←""→"4 个方向键，"上移""下移""上翻""下翻""." "−""删除""空格""退出""确认"共 22 个键组成，主要实现数据或报文的输入、编辑和修改，字菜单的进入和选择等功能。按键大小15 mm×15 mm，间距 5 mm，区域划分清楚，与显示菜单相对应，功能实现方便快捷，手感清晰且有背光显示，能够很好地满足操控台的操作需求。

6）按照总体要求，操控台面板涂石墨灰（RAL7024，劳尔色卡）漆点缀以黑色橡胶按键，按键带黄色背光。

7）操控台软件界面采用黑底白字设计，状态指示标志禁止、警告采用红色，允许、正常采用绿色。

8）用得最多的是数字、汉字、拉丁字母及各种专业符号。为了清楚地显示信息，使人们准确而迅速地认读，必须根据人机工程学的要求，寻求字符的最优设计。

9）对字符形状的要求是简单醒目，因此宜多采用直线和尖脚，加强各字体本身特有笔化，以突出"形"的特征。避免采用草体和装饰形体。汉字的基础字体是宋体（包括仿宋体）和黑体。这两种字体字形方正、庄重、醒目。根据人机工程学设计，面板字体多采用仿宋体。

在便于认读和经济合理的情况下，字符应尽量大一些。字符高度取为观察距离的 1/200，并按公式：$H = La/3\ 600$ 近似计算，式中 H 为字符高度（mm）；L 为观察距离（mm）；a 为人眼的最小视角，一般取 $10°\sim30°$。经计算，面板刻字 5 mm 可满足人、机、环境设计要求。

（2）智能配电箱。智能配电箱通过操控面板进行人机交互。操控面板采用功能分区设计。

左侧可设置指示灯区，显示炮车电气状态。

中间区域可设计供电方式、设备配电状态的指示，配电控制键的操作区，以及各单体用电状态;配电操作采用 6 个按键及两个配电控制键完成,采用组合按键操作逻辑,按键尺寸为12 mm×12 mm,方便接触,材质为软质橡胶,手感良好;操控面板印字采用背光设计,配电箱开机即自动亮起,可满足暗光环境下的使用要求;按键右侧指示灯有三种颜色,当用电单体未上电时,指示灯不亮;上电后用电单体未正常通电时,指示灯为黄色,表示未配电;当用电单体正常工作时,指示灯为绿色,表示已配电;当该单体出现过流、短路等故障时,指示灯为红色,表示报警保护。

右侧为电源系统用电满足情况指示。不同颜色的指示灯表示不同用电情况。

6.2 人机交互界面设计准则

6.2.1 遵循一致性准则

一致性准则指无论是控件使用、提示信息措辞,还是颜色、窗口布局风格,都需要遵循统一标准。

遵循一致性准则能使用户建立精确心理模型,在熟练一个界面后切换至另一界面能够轻松推测出各种功能,从而降低培训、支持成本;给用户同一视觉的感觉,使心情愉悦,支持度增加。要达到一致性准则,需要美工提供配色方案,提供整体配色表;界面研发人员提出合理统一使用的控件库;建立 UI 标准文档,描述界面开发应符合的标准要求。

6.2.2 颜色使用

1.统一色调

根据软件类型和用户工作环境选择恰当的色调作为整个界面设计的基调,避免在同一界面使用多种色彩,造成界面混乱。例如,安全软件根据工业标准可选取黄色,工业软件体现简洁明了的风格可选取灰白黑色调。

2.遵循对比原则

对比原则指在浅色背景上使用深色文字,深色背景上使用浅色文字,用对比强烈的两种颜色分别作为背景和文字颜色(如黑色和白色),从而使文字易于识别,不会因为色彩无法区分而造成信息获取错误,也不容易造成视觉疲劳。

　　3.适配硬件颜色显示

　　显示器由于硬件差异,例如显卡差异、显示屏差异,每台机器的色彩表现均不相同。在确定色彩选择时应当结合硬件,对不同机器进行色彩测试,从而确定用色方案。

6.2.3　文字显示

　　1.统一字体

　　应当根据所采用的操作系统确定使用统一字体。在人机交互界面设计过程中,除了特殊提示信息和加强显示信息以外,所有控件尽量设计使用统一的字体属性。

　　2.统一语言描述

　　使用统一的语言描述,例如一个关闭功能按钮,可以描述为退出、返回和关闭,在人机交互界面设计时应当确定统一描述方式,并且确定统一的按钮位置,确保用户使用操作一致。

　　3.特殊信息表述

　　警告、提醒以及错误信息应当保持相同的显示位置和显示方法,确保提示信息清晰明确。

6.2.4　控件布局

　　1.控件密度

　　人机交互界面中控件密度不宜过大。控件密度过大,屏幕拥挤,很难及时获得有效信息,界面会变得难以使用。试验表明,屏幕总体覆盖度不应超过 40%,而分组覆盖度不应超过 62%。
　　控件密度也不能过小,密度过小的界面看起来过于松散、缺乏美感。

2.控件区域划分与设计

行控件布局设计,控件纵向中对齐,控件间距基本保持一致。纵向控件宽度应尽量保持相同。行与行之间间距保持相同。控件与页面边缘距离应当大于行间距。

当屏幕中有多个编辑区时,要以提高使用效率为原则,将相同类型控件放在同一区域。逻辑上相关联的控件应当加以组合,以表示其关联性;相反,任何不相关的条目应当分隔开。在对多个区域进行布局时,应当同时兼具视觉效果和使用效率。

3.窗口缩放

对于能够进行窗口缩放的人机交互控件,应当考虑到执行窗口缩放时界面的位置布局。可以使用编译器自带的可进行自动缩放的布局工具(如 QT 中的 QLayout 控件)进行布局工作。有些编译器的控件具有 Anchors 属性,里面的上下、左右等如果设为 true,则表示相对各个边缘的距离是否改变,也可根据这一属性设置做相应设计。对于没有窗口缩放相关属性的编译器,在设计时要考虑窗口缩放时对子控件的位置、尺寸做相应变化。

6.3 人-机-环境保障设计测试性设计

(1)具有自检、运行状况监控、故障定位的自检测功能,可显示、记录、存储、输出检测结果,定位故障可用图标或代码显示。

(2)火箭炮控制箱各模块、发射控制箱各模块、车载惯导装置、智能配电箱等主要电气单体具有自检、嵌入式检测和状态上报能力。

(3)具有数据记录模块,能够实时记录 CAN 总线和以太网的数据,并能对记录数据在线解析或输出。

(4)具有开关机日期时间、系统配置、主要工作模式、故障和报警等信息的日志记录和输出功能。

(5)具有对供电模式、供电状态、配电状态及主要设备供电电压、电流进行实时监测的能力。

(6)设置以太网总线检测接口,用于通用或专用检测仪的对接检测,以及日志、记录数据、故障等信息输出。

(7)炮长终端设置通用 USB 接口,插座型号 F103Z10K058-139。

(8)操控台、炮长操控台都设有 CPU 处理器，主要功能是界面显示和键盘数据输入。出现火箭炮控制流程或者是火箭炮发射控制流程不能正常进行的问题时，可以直接将故障定位到火箭炮控制箱或者发射控制箱内的模块。

(9)操控台、炮长操控台在开机工作时，程序运行中出现蓝屏、花屏，可以将故障定位到操控台和炮长操控台显示不正常。

(10)操控台、炮长操控台在开机工作时，程序运行中按键输入无响应，可以将故障定位到操控台和炮长操控台键盘工作不正常。

火控系统信息一体化管理、自动化控制和集成显示管理降低了测试员的操作难度，可以快速准确地定位故障模块。

操作者可以通过智能配电箱操控面板状态指示灯的显示来判断配电箱以及用电单体状态，如配电箱开启某配电支路后，该路单体指示灯不亮，可以初步判断为配电箱无电压输出；若配电箱开启某配电支路后，状态指示灯显示为黄灯，可初步判断为该单体未正常用电或未开启。观察操控面板状态指示灯并进行相应操作，可以提升装备的测试性、维修性。

6.3.1 维修性设计

火控系统将可更换单元设定为维修对象，以测试性作为维修基础，进一步完善各可更换单元的可维修性设计，在基层、基地级的维修保障体系支撑下，保证系统任务的可靠性。火控系统主要维修性设计包括：

(1)火箭炮控制箱、发射控制箱采用 LRM 结构设计，各个功能模块的备件均可在现场快速完成更换，且更换时间小于 5 min；同时，发射控制箱的激活点火模块1、2可以完全互换。

(2)炮长终端和操控终端的液晶显示屏、显示控制板完全一致，具有良好的互换性，且拆卸安装方便，可以现场互换；同时采用 C/S 人机交互模式设计的终端软件完全一致，某一个终端失效，其他终端仍可按照要求完成作战任务。

(3)车载惯导装置能够检测出里程计和高程计故障，并能够快速在现场完成更换；惯性测量装置由于需要对光纤陀螺、加速度计、电源板、导航计算机板进行校正，必须由专业技术人员更换或维修，应在基地级(修理营)或返厂(所)完成。

(4)智能配电箱按照模块化设计，主控模块、信息采集模块、输出检测模块、功率模块、蓄电池监测模块和人机交互模块均可在基层级进行维修。

(5)火控系统所有电缆都有电缆编号、连接位置标识，方便查找。

(6)所有紧固件、密封件、减振器等均进行统一规定，所有选用器件均保持一致,便于部队维修保障。

(7)火控系统所有电连接器、插接式模块(电路板)等都具有防差错设计。

(8)火控系统具有总线记录功能,能够对总线数据进行实时存储,出现故障时能够在线解析总线数据,快速定位故障原因。

(9)火控系统具有嵌入式故障诊断功能,能够根据故障现象,结合专家知识和原理经验给出维修措施。

(10)使用维护说明书具有对常见故障分析与排除的详细内容,图文并茂,能指导使用人员进行对火箭炮日常维护和常见故障的排除。

(11)操控台、炮长操控台在结构设计中,面板与机壳安装螺钉均采用不脱出螺钉连接,便于快速拆卸维修和安装。打开机箱后,能快速将操控面板和后盖板分开成没有连线的两个独立部分,由于操控面板为一体化设计,所以当显示屏或者键盘需要维修时,可以直接更换操控面板;当接口板需要维修时,可以直接更换后盖板,降低维修人员操作难度,节省维修安装时间。拆装维修如图 6-2 所示。

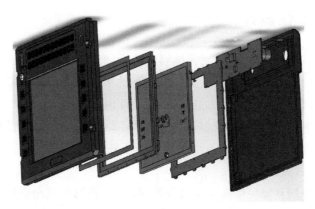

图 6-2　操控台拆装维修示意图

6.3.2　保障性设计

操控台、炮长操控台保障性设计主要采取的技术措施有以下几方面。

(1)设计过程中充分考虑了人机工程和保障通用要求,尽可能选用通用型器材,操控台和炮长操控台的接口板通用,可以互换;减少维修人力和后勤保障费用。

（2）设计过程中尽可能考虑了设备保障时使用的工具和设备的通用化,减少专用工具和设备的品种及数量,满足平战结合的需要。所用单体安装固定螺钉统一采用一字头螺钉,保证各单体维修和更换的一致性。维修工具设备满足标准化、通用化要求。

（3）资料的保障。编制了详细的使用维护资料,这些技术资料能够正确地反映设备的技术状态和使用、维修要求,资料完整准确、术语标准、通俗易懂,适合部队官兵的文化水平。

从装备的测试性、维修性、保障性和运输性方面,描述降低装备测试、维修、保障等人员操作难度的优化设计。

6.4　人-机-环境的安全性设计

（1）电搭接设计。火控系统和各单体设备应进行必要的电搭接,以满足电磁环境效应要求。对特定的搭接面进行以下设计。

1）设备壳体到火控系统结构地之间所有接触面具有电连续性且搭接电阻不大于 10 mΩ。对于不能满足电连续性要求的接触面,使用阻抗不大于 1 mΩ 的搭接线缆进行电搭接。

2）设备和火控系统屏蔽电缆的屏蔽层到相应壳体之间采取 360° 导电紧固接触,满足搭接电阻不大于 15 mΩ 的要求。

（2）静电荷控制设计。考虑到静电对系统安全性的影响,采取相应措施保证系统接地良好;降低设备壳体到系统结构地之间的接地电阻;接口电路采用静电放电等抑制措施。火控系统内炮长操控台、操控台、电台和通信控制器等需要人员手工操作的设备设计应符合《电磁兼容　试验和测量技术　静电放电抗扰度试验》(GB/T 17626.2—2018)所规定的防静电危害的技术要求。

火控系统在安装、操作以及工作过程中经受由于人员操作引起的 25 kV 静电放电时,不应出现意外发射故障。

（3）电磁辐射对人员危害的防护设计。对电台天线、北斗一体机以及各乘员位置进行合理布局,避免乘员位置在天线主波瓣范围之内,并降低各单体设备的辐射发射值,使火控系统设计满足《电磁辐射暴露限值和测量方法》(GJB5313—2004)中关于保护人员免受电磁辐射的要求。

（4）电磁辐射对军械危害的防护设计。点火电源应使用受射击区控制的独立电源,在满足发射状态时再工作;激活、点火回路的最大检测电流小于不发火电流(150 mA)的 1/10;点火引线采用双绞屏蔽线,并仅在电源端接地,屏蔽衰减不低于 40 dB。对于火控系统按规定的外部电磁环境条件进行射频激励考核,期间电起爆装置不应意外点火,激励后加电试验不应降低性能。

6.4.1 火箭炮控制安全联锁设计

1.自动调炮控制安全性

(1)在行军固定器未解脱、贮运发箱未锁紧、千斤顶未支撑到位、传动未开启等状态下,火控系统能够自动对其状态进行识别和判断,严禁调炮并在显示台界面上进行安全性提示。

(2)操瞄调炮超出调炮范围时,火控系统能够自动判断和提示,同时射角限制器会进行限制,并禁止调炮。

(3)自动调炮过程中出现异常时,火控系统能够自动判断并终止调炮。

(4)车体倾斜超过 3°时,火控系统禁止调炮并给出提示。

(5)设计自动调炮规避策略,如果高低小于 3°,方位向无法调炮,只能高低调炮,从而确保在低角度调炮时人员和设备安全。

(6)增加收炮到位信号和固定器锁紧到位指示灯,确保自动收炮到位,行军固定器锁紧,可以进行行军。

2.联锁其他操作安全性

(1)固定器未解脱传动无法上电。
(2)传动未上电无法收放千斤顶。

6.4.2 发射安全性设计

武器系统对发射控制箱的点火发射有极高的安全要求,点火控制电路的异常会造成火箭弹发射失败,表现为火箭弹留膛或误点火,对设备和人身造成重大伤害,发射控制箱安全性设计应满足现代制导火箭炮武器系统的安全性和工作要求。

1.软件设计

执行发射相关操作时,通过软件进行判断限制,使得:
(1)程序自动判断所选弹种与指挥车下达弹种是否一致,若弹种信息不一致则自动停止发射流程；

(2)若在保险锁打开状态下执行发射阵地准备流程则流程自动停止；

(3)当发射流程出现传递对准错误等关键步骤错误时，流程自动停止；

(4)在调炮至射击区后界面才提示打开点火电源。

2.硬件设计

点火回路采取了多级开关和继电器控制，保证点火能源严格受控，具体措施有：

(1)设置车内/车外发射选择开关，共有三挡，可以接通车内、车外或者断开+28 V发控电源；

(2)设置车内/车外保险锁，通过保险钥匙控制恒流源；

(3)点火控制继电器隔离发控电源，在其他开关和继电器闭合的情况下，最后接通发控回路；

(4)检测/点火切换继电器常态下置于检测位置，将发控电源断开；

(5)点火输出继电器常态下将点火头短接，使点火头两端为零电压；

(6)发射按钮按下后，才能启动控制流程；

(7)火箭弹只有在射击区，发控电源才能上电；

(8)智能配电箱配电有安全联锁设计，处于非射击区位置时，点火电源配电支路无法上电，保护操作者及乘员的安全。

上述措施保证在不具备火箭弹发射的任何时刻，发动机点火电路呈短接状态，与点火电源隔离，符合安全设计要求。

6.4.3　设备保护设计

智能配电箱有电源过压、欠压保护，配电支路过流、短路、反向击穿保护，出现非正常状况时保护乘员、用电单体和电源系统的安全。

6.4.4　防误操作设计

1.操控显示台

在操控台上操作卫星自毁时，有二次确认界面，防止误操作损毁北斗芯片，如图6-3所示。

图 6 - 3　北斗自毁二次确认界面

在操控台进行数据删除操作时,有二次确认界面,防止误操作清空数据库数据信息,如图 6 - 4 所示。

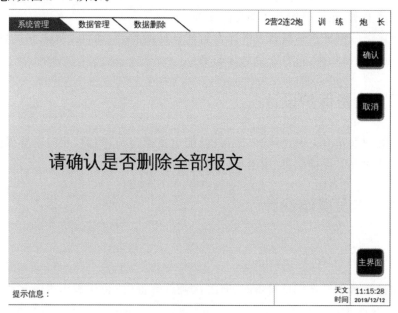

图 6 - 4　数据删除二次确认界面

2.智能配电箱

（1）智能配电箱总开关为带锁开关,必须向外拉出才能进行操作。

（2）各配电支路的开启关闭均为组合按键操作,必须按照顺序按下"开"＋"配电按键"、"关"＋"配电按键",否则无法生效。

（3）半自动开关置于面板底部开关盒内,平时开关盒关闭,必须拉下盒盖的弹簧卡榫才能将开关盒打开,有效防止开关的误触。

6.4.5 其他设计

炮长操控台实现了对天线倒伏机构升降的控制。

在接收到天线升的命令后,向上打开面板上倒伏机构控制区的倒伏机构电源开关,倒伏机构电源指示灯点亮,表明给天线倒伏机构供电正常。

为了防止误操作,倒伏机构升降开关采用的是密封三位锁定开关,分为上、中、下三个挡位。把升降开关钮柄向上或向下拨动时,必须先把钮柄拉出来才能再往上拨动或往下拨动;升降开关钮柄向上拨动到开关上位挡时,倒伏机构开始上升,上升过程中升灯没有点亮,只有当天线升到位时,倒伏机构升到位指示灯才点亮。

在结束任务接收到天线降的命令后,升降开关钮柄向下拨动到开关下位挡时,倒伏机构开始下降,下降过程中降灯没有点亮,只有当天线降到位时,倒伏机构降到位指示灯才点亮。

第 7 章

现代制导火箭火控系统设计与计算分析

|7.1　火力反应时间的计算和分析|

　　火力反应时间是装备的重要性能指标,用于定义装备自身火力准备的时间。火力反应时间越短,发射准备时间越短,战场生存能力越强。对于现代制导火箭火控系统而言,火力反应时间指的是火箭炮进入发射阵地起到火箭炮能对指定目标发射火箭弹为止的时间间隔。

　　通过制定统一的弹、箱、炮接口规范和通信协议,统一规划火箭弹和引信等编码规则,形成现代制导火箭火控系统的发射控制平台,现代制导火箭火控系统可发射制导杀爆弹、制导子母弹、制导云爆弹、制导末敏弹、制导侵彻弹和末制导弹等多种现代制导火箭弹。由于不同弹种需要装定的参数存在差异,同一射程的制导火箭弹发射控制流程基本相同,因此可按照射程对不同弹种的火力反应时间进行计算。

　　为了减小火力反应时间,现代制导火箭火控系统发射控制流程分为技术阵地和发射阵地流程。在技术阵地提前完成各单体的上电、系统巡检、惯导寻北等准备流程,进入发射阵地后开始火力反应时间计时,减少发射阵地的动作数量;在流程设计上,尽量采用一键式自动操作,减少人工分布操作,将解脱行军固定器、锁定底架固定器、千斤顶放列合并为自动用炮,同时将自动用炮与弹道解算、星历参数装定、控制参数装定并行进行;为了减小动作时间,采用液压式千斤顶代替电动千斤顶,大大缩短放列时间。

现代制导火箭火控系统发射箱式制导火箭弹,发射控制流程分为技术阵地和发射阵地流程。在技术阵地完成火控系统各单体的上电系统巡检、车载惯导装置寻北和通信组网等;技术阵地完毕后进入发射阵地,即火力反应时间起始时刻。进入发射阵地后,自下达作战口令起,到完成战斗准备为止,主要操作如下:解脱行军固定器、锁定底架固定器、千斤顶放列、弹道解算、卫星对时、装定卫星星历、装定控制系统参数、装定弹载惯导初始参数、传递对准、调炮、查询对准结果、激活及点火回路检测等,火力反应时间计时结束,之后进入发射工况。

针对制导火箭弹,进入发射阵地后完成自动用炮、弹道解算、弹种选择、对接弹种检测、申请星历、接收弹道参数、弹上设备系统巡检、参数装定、操瞄调炮、惯导初始对准、发控电源上电、点火回路检测等步骤。其中,弹道解算与自动用炮并行进行,操瞄调炮与弹上设备上电系统巡检并行进行,具体流程如图7-1所示,系统火力反应时间耗时为所有流程步骤耗时总和。

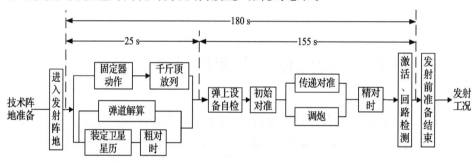

图 7-1 制导火箭弹火力反应时间流程图

7.2 自动操瞄调炮模型仿真设计与计算

根据现代制导火箭火控系统的负载惯量大且变化大的特点,需要对方位向和高低向进行负载变化特性分析及其模拟计算,同时对方位与高低系统进行建模及控制器设计和仿真。为便于分析,根据实际结构和运动情况可以将系统简化为由 n 个部分组成的多体系统。

7.2.1 负载特性分析

现代制导火箭火控系统采用对称发射方式,方位惯量表达式为

$$\begin{cases} J_{Az9} = 2J_{1\_0} \\ J_{Az8} = J_{Az9} + J_{1\_4} \\ J_{Az7} = J_{Az8} + J_{1\_4} \\ J_{Az6} = J_{Az7} + J_{1\_3} \\ J_{Az5} = J_{Az6} + J_{1\_3} \\ J_{Az4} = J_{Az5} + J_{1\_2} \\ J_{Az3} = J_{Az4} + J_{1\_2} \\ J_{Az2} = J_{Az3} + J_{1\_1} \\ J_{Az1} = J_{Az2} + J_{1\_1} \end{cases}$$

方位惯量 J_{Az} 跟高低角 α 有关，J_{Az} 与 α 的关系如图 7 - 2 所示。

高低惯量表达式为

$$\left. \begin{aligned} J_{EL9} &= 2J_{2\_0} \\ J_{EL8} &= J_{EL9} + J_{2\_2} \\ J_{EL7} &= J_{EL8} + J_{2\_2} \\ J_{EL6} &= J_{EL7} + J_{2\_2} \\ J_{EL5} &= J_{EL6} + J_{2\_2} \\ J_{EL4} &= J_{EL5} + J_{2\_1} \\ J_{EL3} &= J_{EL4} + J_{2\_1} \\ J_{EL2} &= J_{EL3} + J_{2\_1} \\ J_{EL1} &= J_{EL2} + J_{2\_1} \end{aligned} \right\} \qquad (7-1)$$

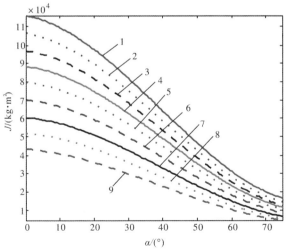

图 7 - 2　方位惯量 J_{Az} 与 α 的关系

高低惯量 J_{EL} 与高低角 α、方位角 β 均无关，仅与当前剩余炮弹的状态有关，见表 7-1。

表 7-1 高低惯量 J_{EL} 的变化情况

状 态	1	2	3	4	5	6	7	8	9
$J_{EL}/10^4(\mathrm{kg\cdot m^2})$	10.7	9.86	9.01	8.17	7.32	6.51	5.70	4.90	4.09

高低重力矩表达式为

$$T_q = 2(T_q' + 2T_1 + 2T_2) \tag{7-2}$$

高低重力矩与高低角度的关系如图 7-3 所示。高低重力矩随着火箭弹的不断发射而不断减小；同一状态下，高低重力矩随着高低角的增大而减小。

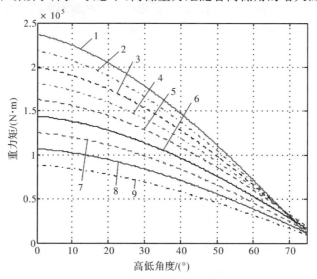

图 7-3 重力矩与高低角度的关系

7.2.2 方位、高低建模仿真

方位向动力学模型如图 7-4 所示。

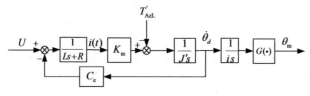

图 7-4 方位向动力学模型

根据动力学模型进行了方位电流环和速度环的工程设计和仿真(见图 7 - 5、图 7 - 6)。

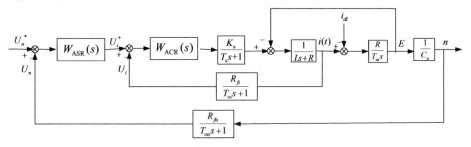

图 7 - 5　双闭环调速系统结构图

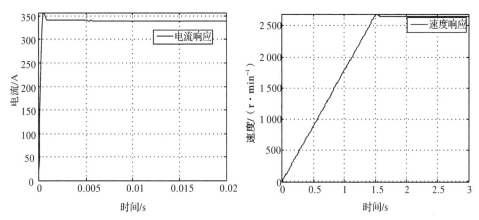

图 7 - 6　方位电流环阶跃响应曲线和方位速度环阶跃响应曲线

高低向动力学模型如图 7 - 7 所示。

高低伺服系统等效速度(输出单位 rad/s)的拉普拉斯变换为

$$s\alpha(s) = \frac{1.0393575U(s) - (4.788 \times 10^{-14}s + 1.632 \times 10^{-15}) \times T_{ELL}}{5.1 \times 10^{-8} \times J_{EL}s^2 + 5.813 \times 10^{-8} \times J_{EL}s + 1} \quad (7 - 3)$$

高低向等效速度环响应曲线如图 7 - 8 所示。

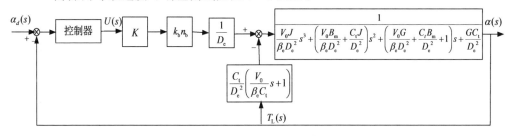

图 7 - 7　高低向动力学模型

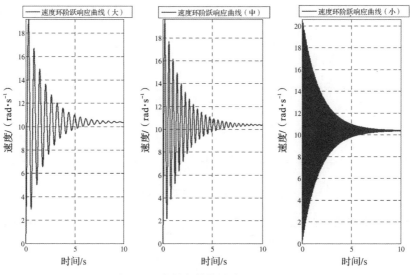

图 7 - 8　高低向等效速度环响应曲线

7.2.3　位置控制策略仿真

1.BCB 路径规划控制策略

在准确分析系统内环特性的基础上,对位置环进行了仿真分析,针对超调和速度振荡等问题,提出了 BCB 路径规划控制策略。

BCB 路径规划策略以系统最大速度、最大加速度为约束,来规划位置给定,如图 7 - 9 所示。

其主要计算公式如下:

$$\theta_p(t) = \begin{cases} \theta_0 \pm \dfrac{1}{2}at^2, & 0 \leqslant t < \dfrac{v}{a} \\[2mm] \theta_0 \pm \left[\dfrac{v^2}{2a} + v\left(t - \dfrac{v}{a}\right)\right], & \dfrac{v}{a} \leqslant t < \dfrac{v}{a} + T \\[2mm] \theta_0 \pm \left[\dfrac{v^2}{2a} + vT + v(t - \dfrac{v}{a} - T) - \dfrac{1}{2}a(t - \dfrac{v}{a} - T)^2\right], & \dfrac{v}{a} + T \leqslant t < \dfrac{2v}{a} + T \\[2mm] \theta_f, & t \geqslant \dfrac{2v}{a} + T \end{cases}$$

$$\tag{7-4}$$

式中:θ_0 是系统初始位置;T 是匀速段运行时间;a 是最大加速度;v 是最大速度;θ_f 是最终位置,也即诸元值。

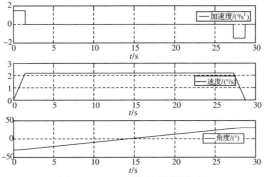

图 7 - 9　BCB 路径规划策略

使用 BCB 路径规划策略,对位置环进行仿真,发现响应曲线几乎没超调,调炮速度平稳,可以满足实际系统的需求,如图 7 - 10、图 7 - 11 所示。

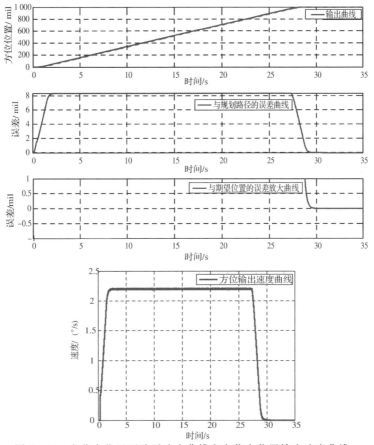

图 7 - 10　方位向位置环阶跃响应曲线和方位向位置输出速度曲线

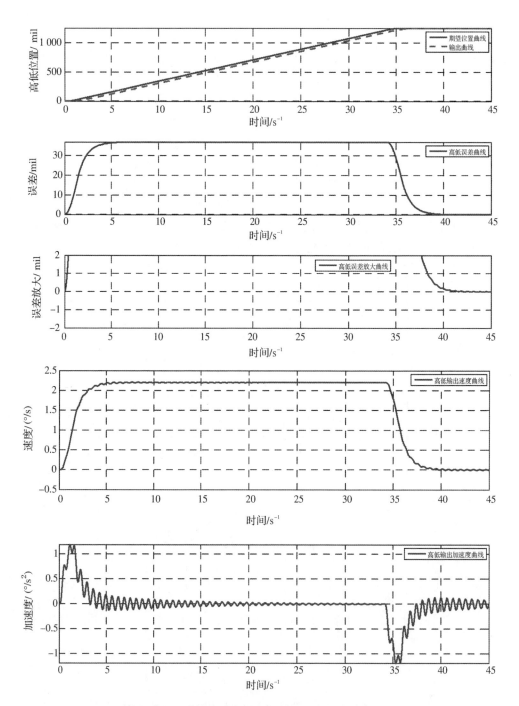

图 7-11　高低向位置环阶跃响应曲线和高低向位置输出速度、加速度曲线

2. 解耦控制方法

采用基于捷联惯导的一次调炮控制技术,反馈通道采用车载惯导装置信息,是基于大地坐标系的,而执行机构却基于车体坐标系。车体在横倾和纵倾的情况下,高低、方位的调炮相对大地坐标系会存在相互耦合,如果直接以惯导输出的姿态角进行闭合,可能会带来调炮过程中炮塔和炮箱的振荡,影响自动调炮的性能,针对这一问题,设计了解耦控制模型,并给出解耦公式:

$$\boldsymbol{C}_n^b = \begin{bmatrix} \cos\gamma\cos\psi + \sin\gamma\sin\psi\sin\theta & -\cos\gamma\sin\psi + \sin\gamma\cos\psi\sin\theta & -\sin\gamma\cos\theta \\ \sin\psi\cos\theta & \cos\psi\cos\theta & \sin\theta \\ \sin\gamma\cos\psi - \cos\gamma\sin\psi\sin\theta & -\sin\gamma\sin\psi - \cos\gamma\cos\psi\sin\theta & \cos\gamma\cos\theta \end{bmatrix}$$

$$(7-5)$$

$$\boldsymbol{C}^1 = \begin{bmatrix} 1 & 0 & 0 \\ 0 & \cos\alpha & -\sin\alpha \\ 0 & \sin\alpha & \cos\alpha \end{bmatrix} \qquad (7-6)$$

$$\boldsymbol{C}^2 = \begin{bmatrix} \cos\beta & \sin\beta & 0 \\ -\sin\beta & \cos\beta & 0 \\ 0 & 0 & 1 \end{bmatrix} \qquad (7-7)$$

$$[n \quad p \quad q]^T = \boldsymbol{C} [\sin\psi\cos\theta \quad \cos\psi\cos\theta \quad \sin\theta]^T \qquad (7-8)$$

$$\alpha = \arcsin q \qquad (7-9)$$

$$\beta = \arctan \frac{n}{p} \qquad (7-10)$$

3. 联合仿真

综合考虑高低、方位向的惯量耦合,惯量、负载力矩变化,车体存在横倾和纵倾,传感器误差等多种实际因素,进行了联合仿真(见图 7 - 12)。

图中:(ψ_d, θ_d) 为射击诸元(要求炮口矢量在大地坐标系下的高低角和方位角);(ψ_p, θ_p) 射击诸元的路径规划,相对于大地坐标系;(α_p, β_p) 射击诸元的路径规划,相对于车体坐标系;(α,β)为炮口矢量在车体坐标系下的高低角和方位角(实际中可由旋变测得);(a,b,c)为车体姿态角(模拟惯导输出时用到);(θ,ψ,γ)为身管姿态角(惯导输出),通过变换 M 将(α,β)转换成(θ,ψ,γ),(ψ,θ)炮口矢量在大地坐标系下的高低角和方位角,($\hat{a}$,$\hat{b}$,$\hat{c}$)为计算出的车体姿态。噪声1、噪声2、噪声3均方值为 0.5 mil,均值为0,正态分布测量噪声。

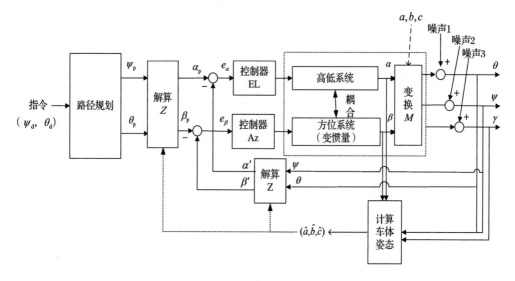

图 7-12　联合仿真框图

车体横倾 3°、纵倾 3°,含测量噪声,按 9 种规划调炮任务进行仿真。方位惯量 J_{Az} 在 9 种状态中随着高低角的变化而实时变化,方位负载力矩 T_{AzL}、高低负载力矩 T_{ELL} 和高低惯量 J_{EL} 的变化穿插在 9 种典型调炮任务中,如图 7-13～图 7-22所示。

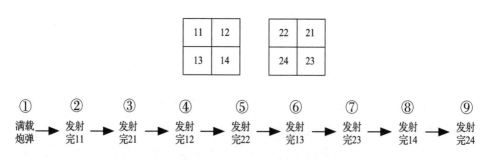

图 7-13　模拟发射过程的 9 种情况

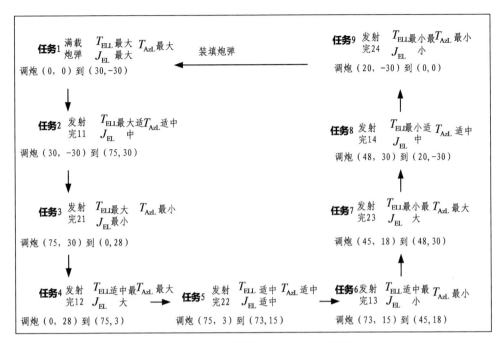

续图 7-13 模拟发射过程的 9 种情况

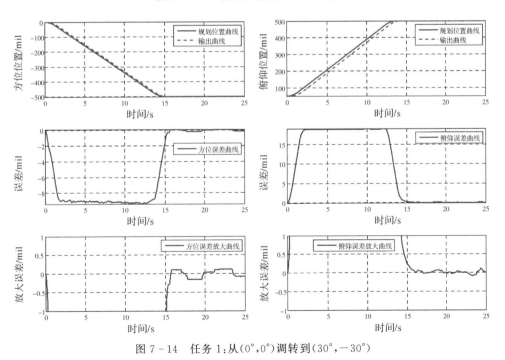

图 7-14 任务 1:从(0°,0°)调转到(30°,-30°)

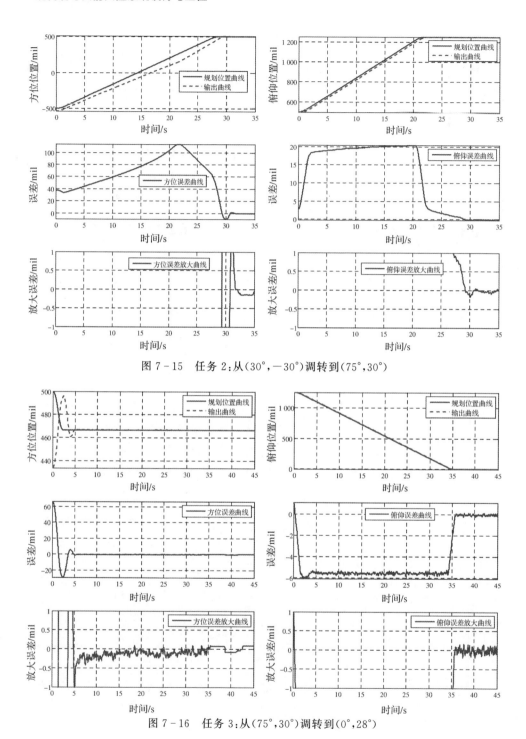

图 7-15 任务 2:从(30°,−30°)调转到(75°,30°)

图 7-16 任务 3:从(75°,30°)调转到(0°,28°)

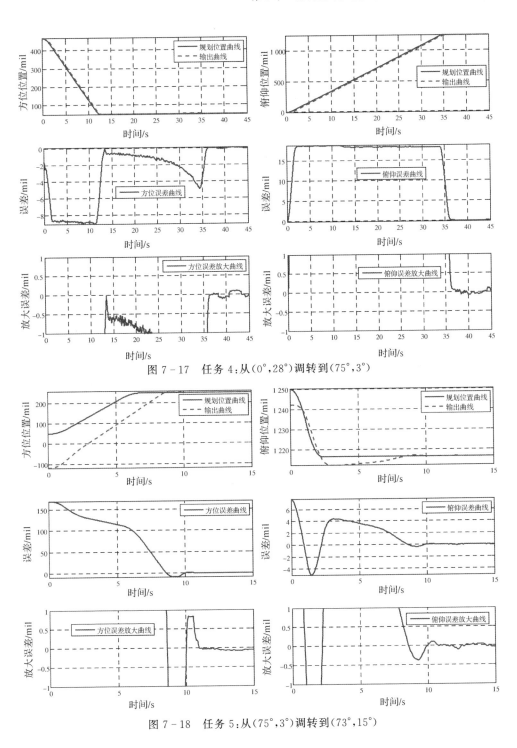

图 7-17 任务 4:从(0°,28°)调转到(75°,3°)

图 7-18 任务 5:从(75°,3°)调转到(73°,15°)

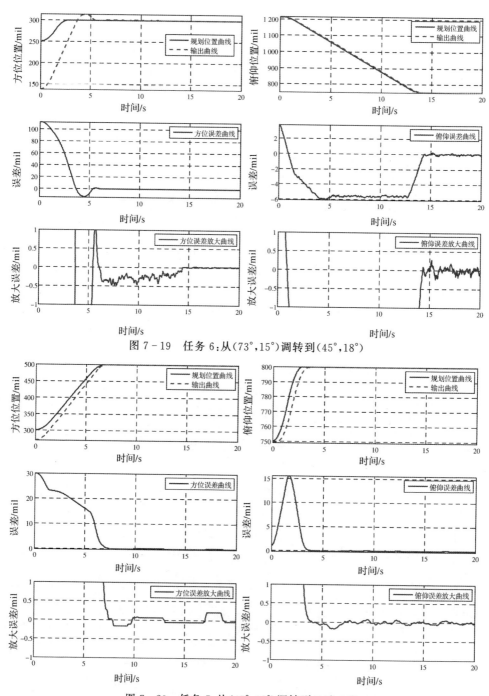

图 7 - 19　任务 6：从(73°,15°)调转到(45°,18°)

图 7 - 20　任务 7：从(45°,18°)调转到(48°,30°)

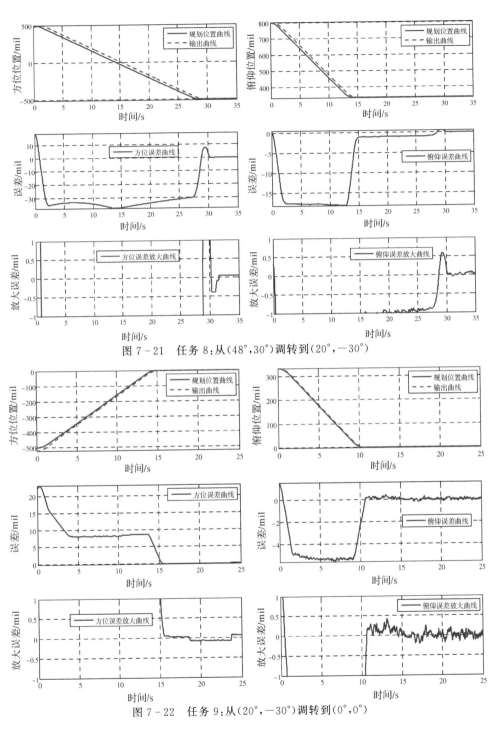

图 7-21　任务 8:从(48°,30°)调转到(20°,−30°)

图 7-22　任务 9:从(20°,−30°)调转到(0°,0°)

通过建模、分析、仿真,提出有效的控制策略,自动调炮控制模型合理有效,通过原理样机、初样机考核,正样机将进一步优化控制算法。

|7.3 自动调炮时间分析计算|

自动调炮时间要求:方位向:$-30°\sim+30°$调转,30 s 之内稳定;高低向:$0°\sim75°$调转,40 s 之内稳定。

自动调炮速度指标:调炮最大速度为 $2.2°/s$,加速度为 $1.5°/s^2$。

以最大加速度,最大速度进行调炮,其速度曲线如图 7 - 23 所示。

(1)理论俯仰向最少调炮时间计算:

$$
\left.
\begin{aligned}
t_1 &= \frac{v}{a} = \frac{2.2}{1.5} = 1.467(\text{s}) \\
s_1 &= \frac{1}{2}at_1{}^2 = \frac{v^2}{2a} = \frac{2.2^2}{3} = 1.613(°) \\
t_2 &= t_1 + \frac{75-2s_1}{v} = t_1 + \frac{75-2\times1.613}{2.2} = 1.467 + 32.625 = 34.092(\text{s}) \\
t_3 &= t_1 + t_2 = 1.467 + 34.092 = 35.559(\text{s})
\end{aligned}
\right\} \quad (7-11)
$$

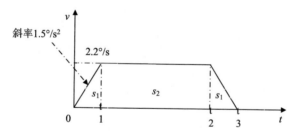

图 7 - 23　自动调炮速度仿真曲线

(2)理论方位向最少调炮时间计算:

$$
\left.
\begin{aligned}
t_1 &= \frac{v}{a} = \frac{2.2}{1.5} = 1.467(\text{s}) \\
s_1 &= \frac{1}{2}at_1{}^2 = \frac{v^2}{2a} = \frac{2.2^2}{3} = 1.613(°) \\
t_2 &= t_1 + \frac{60-2s_1}{v} = t_1 + \frac{60-2\times1.613}{2.2} = 1.467 + 25.806 = 27.273(\text{s}) \\
t_3 &= t_1 + t_2 = 1.467 + 27.273 = 28.740(\text{s})
\end{aligned}
\right\} \quad (7-12)
$$

最大负载高低向调炮时间仿真和最大负载方位向调炮时间仿真如图 7 - 24 所示。

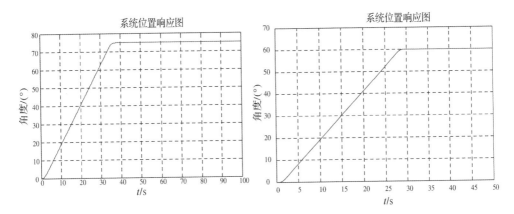

图 7 - 24　最大负载高低向调炮时间仿真和最大负载方位向调炮时间仿真

通过仿真发现,在满足稳定性和精度的前提下,高低向到位的最快时间在 38.4 s 以上,方位向到位的最快速度在 29.38 s 以上。

7.4　自动调炮精度分析计算

影响自动调炮精度的主要误差环节有惯导误差、火炮控制误差,具体见表 7 - 2。

表 7 - 2　自动调炮精度主要误差环节精度分配表

误差环节	射向误差/mil	射角误差/mil	备　注
惯导方向角	0.50		惯性定位定向导航装置动态保持误差
惯导俯仰角		0.50	
调炮控制	0.50	0.50	位置环控制误差
自动调炮精度	0.71	0.71	串联、独立误差源合计估计

7.5 各工作剖面供耗电平衡分析计算

7.5.1 技术阵地准备

技术阵地准备时,用电设备为炮长显示台、操控显示台 1、操控显示台 2、车载惯导装置、北斗一体机天线、火箭炮控制箱、稳压电源、通信控制器、安全连锁箱、高低驱动器、电台以及底盘电气设备。耗电统计如下:

精电耗电＝40＋40＋40＋22＋50＋224＋1500＋33＋140＋112＋12＝2 213（W）

粗电耗电＝1 000＋500＋20＝1 520（W）(此时蓄电池充电按 500 W)

总耗电＝3 733（W）

在低温工况下训练或执行任务时,为防止蓄电池过度放电导致马达无法启动,应使用外接电源供电或使用车载发电机供电。

7.5.2 炮车启动

炮车启动瞬间由主蓄电池提供启动电机的电能,启动时电流瞬间可能高达 1 500 A,主要取决于主蓄电池的能量和瞬间放电能力,因此保证启动(特别是低温－40 ℃时的启动)是主蓄电池选取的主要原则。经蓄电池选型计算,可以满足任务要求。

7.5.3 行军导航

行军导航时,用电设备为炮长显示台、操控显示台 1、操控显示台 2、车载惯导装置、北斗一体机天线、火箭炮控制箱、通信控制器、电台以及底盘电气设备。耗电统计如下:

精电耗电＝40＋40＋40＋22＋50＋224＋33＋12＝461(W)

粗电耗电＝1 000＋(蓄电池充电)800＋20＝1 820(W)

总耗电＝2 281(W)

此时,供电电源为底盘发电机(3.9 kW),由于行军时发电机转速较高可以达到额定功率发电,因此可以满足供电。

7.5.4　发射阵地准备

发射阵地准备时,除电机和三防设备不用电,其他用电设备基本都工作,耗电统计如下:

精电耗电＝40＋40＋40＋22＋50＋224＋1 500＋33＋140＋112＋12＝
　　　　 2 213(W)

粗电耗电＝3 300＋1 000＋800＋560＋20＝5 680(W)

总功耗＝7 893(W)

此时设备耗电最大,车载发电机功率是在最大用电功耗的基础上增加20%余量确定的,故选取10 kW 发电机可以满足各种工作剖面的用电需求。

7.5.5　发射工况

火箭弹发射时用电设备为炮长显示台、操控显示台1、操控显示台2、车载惯导装置、北斗一体机天线、火箭炮控制箱、通信控制器、安全连锁箱、高低驱动器、发射控制箱、稳压电源、电台以及底盘电气设备。耗电统计如下:

精电耗电＝40＋40＋40＋22＋50＋224＋33＋140＋112＋1500＋12＝
　　　　 2 213(W)

粗电耗电＝1000＋800＋560＋560＋20＝2 940(W)

总耗电＝5 153(W)

此时,10 kW 发电机可以满足用电需求。

通过以上计算,可以得出在各工作剖面上电源均是否满足需求。

|7.6 定位定向精度分析及仿真|

7.6.1 寻北精度分析及仿真

惯导寻北精度误差可以粗略表示为

$$\delta\Psi = \frac{\varepsilon}{\omega_{ie}^{E} \times \cos L} \tag{7-13}$$

式中：ε_E 是由 x 陀螺、y 陀螺和 z 陀螺引起的零偏稳定性；L 为纬度。由式 (7-13)可得，陀螺的零偏稳定性直接影响到惯导的寻北精度，具体关系为

$$\varepsilon_E = \sin(\delta\Psi) \times \omega_{ie} \times \cos L \tag{7-14}$$

其中，$\delta\Psi \leqslant 0.5$ mil，考虑到我国的纬度范围从 N3°51′ 到 N53°33′，地球的自转角速率为 $\omega_{ie} = 7.29211 \times 10^{-5}$ rad/s，ε_E 的最大值为 0.004 7°/h。为了消除理论简化和实际噪声所带来的影响，车载惯导装置的陀螺采用零偏稳定性为 0.003°/h 的陀螺，可以推算出寻北精度约为

$$\delta\Psi \leqslant \delta\Psi_{max} \approx 0.019° < 0.5 \text{ mil} \tag{7-15}$$

寻北姿态精度误差的理论值为

$$\delta\theta = \arctan\left(\frac{\nabla_y}{g}\right), \quad \delta\gamma = \arctan\left(\frac{\nabla_x}{g \times \cos\theta}\right) \tag{7-16}$$

式中：∇_x 和 ∇_y 分别是 x 加表和 y 加表的零偏稳定性。根据给定的姿态精度 $[\leqslant 0.5$ mil $(1\sigma)]$ 和系统能够在 70° 倾角下寻北的要求，可得 $\nabla_x \leqslant 0.52$ mg 和 $\nabla_y \leqslant 0.18$ mg 。所以采用零偏稳定性为 0.03 mg 的加速度计可以满足性能要求，寻北姿态精度的理论值约为

$$\delta\theta \approx 0.001 9° < 0.5 \text{ mil}, \quad \delta\gamma \approx 0.005 0° < 0.5 \text{ mil} \tag{7-17}$$

为了在晃动基座下完成初始对准，把姿态变换阵分解成几个矩阵相乘的形式，然后分别求取每个矩阵的值，最后达到求取姿态变换阵的目的，实现在晃动基座下的初始对准。

寻北精度仿真条件如下：纬度 29°，经度 116°，陀螺逐次启动漂移设为0.003°/h，

加速度逐次启动偏移设为 $0.03\ mg$，陀螺随机噪声设为 $0.002°/h$，加速度随机噪声设为 $0.2\ mg$。在 Oy 轴加横滚晃动 $\alpha = 1°\sin(2\pi f t)$，晃动频率 $f = 1.3\ \text{Hz}$。设定惯导的俯仰角和滚转角都为 $0°$，分别在航向角取值为 $0°,90°,180°$ 和 $270°$ 四个值时进行初始对准，每一个方向进行四组寻北，所得结果见表 $7-3$。

表 7-3　惯导寻北仿真结果

	航向角 α	俯仰角 β	滚转角 γ
	0.000 2	0.001 7	−0.001 3
	−0.010 2	0.001 8	−0.001 5
$\alpha = 0°$	−0.027 5	0.001 3	−0.001 3
	0.026 9	0.001 7	−0.000 8
	89.995 8	0.001 4	0.001 8
	89.997 0	0.001 4	0.001 8
$\alpha = 90°$	89.980 2	0.001 6	0.001 7
	89.992 0	0.001 4	0.001 7
	180.002 4	−0.002 0	0.001 5
	180.012 6	−0.001 6	0.000 9
$\alpha = 180°$	179.993 5	−0.001 7	0.001 3
	180.001 2	−0.001 8	0.001 4
	269.984 1	−0.001 4	−0.001 6
	269.970 5	−0.001 3	−0.001 3
$\alpha = 270°$	269.998 2	−0.001 2	−0.001 6
	269.973 1	−0.001 7	−0.001 7

　　根据以上仿真结果可以计算出寻北航向精度为 $\delta\Psi = 0.016° = 0.27\ \text{mil}$ (1σ)；寻北姿态精度为 $\delta\theta = 0.001\ 6° = 0.027\ \text{mil}\ (1\sigma)$，$\delta\gamma = 0.001\ 5° = 0.025\ \text{mil}$ (1σ)。仿真结果满足要求。

7.6.2 定位精度分析及仿真

车载惯导装置采用卡尔曼滤波器与里程计/星历对时模块进行组合导航,其测量方程以 t_{k-1} 时刻到 t_k 时刻车载惯导装置的位移与里程计/星历对时模块测量的位移增量之差作为量测,即

$$z_k = (\tilde{S}_k - \tilde{S}_{k-1}) - \tilde{pm}_k = -\frac{1}{2}\nabla_k T^2 + \delta v_k T - \delta K_k pm_k \qquad (7-18)$$

对其进行降阶处理,式(7-18)可整理成

$$z_k = -\frac{1}{2}\nabla_k T^2 + (\delta v_k - \delta K_k \bar{v}_{mk})T \qquad (7-19)$$

式中

$$\delta v_k - \delta K_k \bar{v}_{mk} = (\delta v_{k-1} - \delta K_{k-1} \bar{v}_{mk}) + \nabla_{k-1} T \qquad (7-20)$$

则组合导航系统方程可简化为

$$\hat{\boldsymbol{x}}_k = \hat{\boldsymbol{F}}_k \hat{\boldsymbol{x}}_{k-1} + \hat{\boldsymbol{w}}_{k-1}, \boldsymbol{z}_k = \hat{\boldsymbol{H}}_k \hat{\boldsymbol{x}}_{k-1} + \boldsymbol{n}_k \qquad (7-21)$$

式中:$\hat{\boldsymbol{x}}_k = \begin{bmatrix} \nabla_k & \delta \bar{v}_k \end{bmatrix}^T$;$\hat{\boldsymbol{F}}_k = \begin{bmatrix} 1 & 0 \\ T & 1 \end{bmatrix}$;$\hat{\boldsymbol{H}}_k = \begin{bmatrix} -\frac{1}{2}T^2 & T \end{bmatrix}^T$;$\hat{\boldsymbol{w}}_{k-1}$ 为降阶系统噪声方差阵。

由式(7-21)可知,δv_k 的滤波误差为 $\delta K_{k-1} \bar{v}_{mk}$,即里程计刻度系数误差越大,星历对时模块的定位误差越大,δv_k 的估计误差就越大。

车载惯导装置惯性导航定位误差方程如下:

$$|\delta \text{Pos}| = n \times \sqrt{(K + \delta K)^2 + K^2 - 2 \times \cos\delta\psi \times (K + \delta K) \times K}$$
$$(7-22)$$

式中:K 为里程系数真值;n 为脉冲数;δK 为里程系数标定误差,不大于 $\pm 0.5‰K$;$\delta\psi$ 为失准角,小于 0.5 mil,以上误差都取极值。所以有

$$|\delta \text{Pos}| = 0.001\ 16nK \qquad (7-23)$$

进而可得 $\text{CEP} \approx 0.116\%$,满足指标要求。

为验证车载惯导装置惯性导航定位精度和组合导航定位精度,需进行跑车试验(见表7-4、表7-5)。试验用车:陆导室行使试验工装;卫星定位导航装置定位信息精度:≤ 10 m(CEP);试验总路程:61.8 km,共停 12 个标准点。

表 7 – 4　惯性导航定位精度仿真结果

坐标点	误差/m	里程/m
1	2.30	4 945.5
2	15.19	10 368.6
3	22.90	15 558.6
4	14.90	20 379.7
5	16.72	24 714.3
6	4.89	30 160.7
7	5.21	35 030.8
8	8.88	40 277.7
9	12.03	45 403.7
10	31.88	51 914.6
11	45.97	57 573.6
12(终点)	47.33	61 834.7

统计:定位精度水平误差＝0.65‰ D(CEP)

表 7 – 5　组合导航定位精度仿真结果

坐标点	误差/m	里程/m
1	12.02	4 945.5
2	6.46	10 368.6
3	10.47	15 558.6
4	4.42	20 379.7
5	14.39	24 714.3
6	10.00	30 160.7
7	13.80	35 030.8
8	4.66	40 277.7
9	11.61	45 403.7
10	14.19	51 914.6
11	6.43	57 573.6
12(终点)	11.01	61 834.7

统计:定位精度水平误差＝8.74 m(CEP)

7.7 弹道解算模型计算分析

7.7.1 弹道方程的数值解法

弹道解法是外弹道学最基本的问题,弹道方程组是一阶变系数联立方程组,一般来说只能用数值方法求得数值解,火箭弹弹道方程采用龙格-库塔(Runge - Kutta)法。

龙格-库塔法实质上是以函数 $y(x)$ 的泰勒级数为基础的一种改进方法,最常用的是 4 阶龙格-库塔法,其计算公式叙述如下,对于微分方程组和初值,有

$$\frac{\mathrm{d}y_i}{\mathrm{d}x} = f_i(t, y_1, y_2, \cdots, y_n), y_i(t_0) = y_0, \quad i = 1, 2, \cdots, n \qquad (7-24)$$

若已知在点 m 处的值 $(t_m, y_{1m}, y_{2m}, \cdots, y_{nm})$,则求取点 $m+1$ 处的函数值的龙格-库塔公式为

$$y_{im+1} = y_{im} + \frac{1}{6}(k_{i1} + 2k_{i2} + 2k_{i3} + k_{i4}) \qquad (7-25)$$

其中

$$\left.\begin{aligned}
k_{i1} &= h f_i(t_m, y_{1m}, y_{2m}, \cdots, y_{nm}) \\
k_{i2} &= h f_i\left(t_m + \frac{h}{2}, y_{1m} + \frac{k_{11}}{2}, y_{2m} + \frac{k_{21}}{2}, \cdots, y_{nm} + \frac{k_{m1}}{2}\right) \\
k_{i3} &= h f_i\left(t_m + \frac{h}{2}, y_{1m} + \frac{k_{12}}{2}, y_{2m} + \frac{k_{22}}{2}, \cdots, y_{nm} + \frac{k_{m2}}{2}\right) \\
k_{i4} &= h f_i(t_m + h, y_{1m} + k_{13}, y_{2m} + k_{23}, \cdots, y_{nm} + k_{m3})
\end{aligned}\right\} \qquad (7-26)$$

式中:h 为步长,其截断误差正比于 h^5。龙格-库塔法不仅程序简单、精度高,而且改变步长较为方便。

7.7.2 弹箭刚体弹道方程的建立

1.坐标系简介

弹箭刚体弹道方程的建立依赖于坐标系,坐标系的选取和坐标系的转换为

弹道方程的重点。下面介绍常用的 4 种坐标系:地面坐标系、基准坐标系、弹道坐标系和弹轴坐标系。

(1)地面坐标系(E)。地面坐标系记为 E,其原点在炮口断面中心,Ox 轴沿水平线指向射击方向,Oy 轴铅直向上,Oxy 铅直面为射击面,Oz 轴按右手法则垂直于射击面确定,此坐标系用于确定弹箭质心的空间坐标系。

(2)基准坐标系(N)。基准坐标系是由地面坐标系平移至弹箭质心 O 而成,随质心一起平动。此坐标系用于确定弹轴和速度的空间方位。

(3)弹道坐标系(V)。此坐标系记为 V,其 Ox 轴沿质心速度矢量 v 的方向,Oy 轴垂直于速度向上,Oz 轴按照右手法则确定为垂直于 Oxy 平面。

弹道坐标系可由基准坐标系经两次旋转而成,第一次是 N 系统绕其 Oz 轴正向右旋 θ_a,第二次绕其 Oy 轴负向右旋 φ_2。弹道坐标系(V)随速度矢量 v 的变化而转动,是个转动坐标系,θ_a 为速度高低角,φ_2 为速度方向角。

三个坐标系之间关系如图 7 - 25 所示。

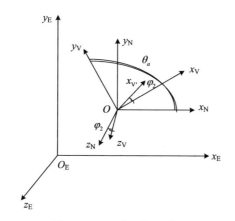

图 7 - 25　三种坐标系关系

(4)弹轴坐标系(A)。此坐标系记为 A,也称为第一弹轴坐标系,其中 $O\xi$ 为弹轴,$O\eta$ 垂直于 $O\xi$ 指向上方,$O\zeta$ 按照右手法则垂直于 $O\xi\eta$ 平面确定。弹轴坐标系是一个随弹轴方位变化而转动的动坐标系。

2.弹箭运动方程的一般形式

弹箭运动方程可分为质心运动和围绕质心的运动。质心运动规律由质心运动定理确定,质心运动方程基于弹道坐标系建立;围绕质心的转动则由动量矩定理来描述,基于弹轴坐标系建立。

下面对弹箭运动方程的一般形式进行介绍,其具体推导过程不属于本书讨论范围。

(1)弹道坐标系下弹箭质心运动方程。弹箭质心相对于惯性坐标系的运动服从质心运动规律,由此推导出质心运动方程的标量方程如下:

$$\left.\begin{aligned}
m\,\frac{\mathrm{d}v}{\mathrm{d}t} &= F_{X_2} \\[2mm]
mv\cos\psi_2\,\frac{\mathrm{d}\theta_a}{\mathrm{d}t} &= F_{Y_2} \\[2mm]
mv\,\frac{\mathrm{d}\psi_2}{\mathrm{d}t} &= F_{Z_2}
\end{aligned}\right\} \tag{7-27}$$

弹箭质心运动学方程为

$$\left.\begin{aligned}
\frac{\mathrm{d}x}{\mathrm{d}t} &= v\cos\theta_a\cos\psi_2 \\[2mm]
\frac{\mathrm{d}y}{\mathrm{d}t} &= v\sin\theta_a\cos\psi_2 \\[2mm]
\frac{\mathrm{d}z}{\mathrm{d}t} &= v\sin\psi_2
\end{aligned}\right\} \tag{7-28}$$

(2)弹箭绕心运动方程。弹箭绕质心的转动用动量矩定理描述 $\dfrac{\mathrm{d}G}{\mathrm{d}t}=M$,其中 G 为弹箭对质心的动量矩,M 是作用于弹箭的外力对质心的力矩,由此可以推导出弹箭绕心转动方程。

弹箭绕质心转动的动力学方程组为

$$\left.\begin{aligned}
\frac{\mathrm{d}\omega_\xi}{\mathrm{d}t} &= \frac{1}{C}M_\xi \\[2mm]
\frac{\mathrm{d}\omega_\eta}{\mathrm{d}t} &= \frac{1}{A}M_\eta - \frac{C}{A}\omega_\xi\omega_\eta\tan\varphi_2 + \frac{A-C}{A}(\beta_{D\eta}\gamma - \beta_{D\zeta}\gamma^2) \\[2mm]
\frac{\mathrm{d}\omega_\zeta}{\mathrm{d}t} &= \frac{1}{A}M_\zeta + \frac{C}{A}\omega_\eta\omega_\zeta\tan\varphi_2 + \frac{A-C}{A}(\beta_{D\zeta}\gamma - \beta_{D\eta}\gamma^2)
\end{aligned}\right\} \tag{7-29}$$

弹箭绕心运动的运动学方程为

$$\left.\begin{array}{l} \dfrac{\mathrm{d}\gamma}{\mathrm{d}t} = \omega_{\xi} - \omega_{\zeta}\tan\varphi_2 \\[3mm] \dfrac{\mathrm{d}\varphi_2}{\mathrm{d}t} = -\omega_{\eta} \\[3mm] \dfrac{\mathrm{d}\varphi_a}{\mathrm{d}t} = \dfrac{\omega_{\zeta}}{\cos\varphi_2} \end{array}\right\} \qquad (7-30)$$

以上 4 组共 12 个方程组成了弹箭刚体方程组,这 12 个方程组共有 15 个变量,因此还需要补充 3 个几何关系式方程:

$$\left.\begin{array}{l} \beta \approx 0 \\ \delta_1 \approx \varphi_a - \theta_a \\ \delta_2 \approx \varphi_2 - \psi_2 \end{array}\right\} \qquad (7-31)$$

以上方程组即为弹箭刚体运动方程的一般形式。

3.弹箭的 6 自由度刚体弹道方程

弹箭 6 自由度刚体运动的具体形式,这种方程称为 6D 方程。

其方程组如下:

$$\left.\begin{array}{l} \dfrac{\mathrm{d}v}{\mathrm{d}t} = \dfrac{1}{m}F_{x2} \\[3mm] \dfrac{\mathrm{d}\theta_a}{\mathrm{d}t} = \dfrac{1}{mv\cos\psi_2}F_{y2} \\[3mm] \dfrac{\mathrm{d}\psi_2}{\mathrm{d}t} = \dfrac{F_{z2}}{mv} \\[3mm] \dfrac{\mathrm{d}\omega_{\xi}}{\mathrm{d}t} = \dfrac{1}{C}M_{\xi} \\[3mm] \dfrac{\mathrm{d}\omega_{\eta}}{\mathrm{d}t} = \dfrac{1}{A}M_{\eta} - \dfrac{C}{A}\omega_{\xi}\omega_{\zeta} + \omega_{\eta}^2\tan\varphi_2 \\[3mm] \dfrac{\mathrm{d}\omega_{\zeta}}{\mathrm{d}t} = \dfrac{1}{A}M_{\xi} + \dfrac{C}{A}\omega_{\xi}\omega_{\eta} - \omega_{\eta}\omega_{\zeta}\tan\varphi_2 \\[3mm] \dfrac{\mathrm{d}\varphi_a}{\mathrm{d}t} = \dfrac{\omega_{\xi}}{\cos\varphi_2} \\[3mm] \dfrac{\mathrm{d}\varphi_2}{\mathrm{d}t} = -\omega_{\eta} \\[3mm] \dfrac{\mathrm{d}\gamma}{\mathrm{d}t} = \omega_{\xi} - \omega_{\zeta}\tan\varphi_2 \\[3mm] \dfrac{\mathrm{d}x}{\mathrm{d}t} = v\cos\psi_2\cos\theta_a, \dfrac{\mathrm{d}y}{\mathrm{d}t} = v\cos\psi_2\sin\theta_a, \dfrac{\mathrm{d}z}{\mathrm{d}t} = v\sin\psi_2 \end{array}\right\} \qquad (7-32)$$

$$\left.\begin{aligned}
\sin\delta_2 &= \cos\psi_2\sin\varphi_2 - \sin\psi_2\cos\varphi_2\cos(\varphi_a - \theta_a) \\
\sin\delta_1 &= \cos\varphi_2\sin(\varphi_a - \theta_a)/\cos\delta_2 \\
\sin\beta &= \sin\psi_2\sin(\varphi_a - \theta_a)/\cos\delta_2
\end{aligned}\right\} \qquad (7-33)$$

式中

$$\left.\begin{aligned}
M_\xi &= -\frac{\rho Sld}{2}m'_{xz}v_r\omega_\xi + \frac{\rho v_r^2}{2}Slm'_{x\omega}\delta_f \\
M_\eta &= -\frac{\rho Sl}{2}v_r m_z \frac{1}{\sin\delta_r}v_{r\zeta} - \frac{\rho Sld}{2}v_r m'_{zz}\omega_\eta - \frac{\rho Sld}{2}m'_y \frac{1}{\sin\delta_r}\omega_\xi v_{r\eta} - \\
&\quad \frac{\rho v^2}{2}Slm'_z\delta_M\sin\gamma_2 \\
M_\zeta &= -\frac{\rho Sl}{2}v_r m_z \frac{1}{\sin\delta_r}v_{r\eta} - \frac{\rho Sld}{2}v_r m'_{zz}\omega_\zeta - \frac{\rho Sld}{2}m'_y \frac{1}{\sin\delta_r}\omega_\xi v_{r\zeta} + \\
&\quad \frac{\rho v^2}{2}Slm'_z\delta_M\cos\gamma_2 \\
F_{x2} &= -\frac{\rho v_r}{2}Sc_x(v - \omega_{x2}) + \frac{\rho S}{2}c_y \frac{1}{\sin\delta_r}[v_r^2\cos\delta_2\cos\delta_1 - v_{r\xi}(v - \omega_{x2})] + \\
&\quad \frac{\rho v_r}{2}Sc_z \frac{1}{\sin\delta_r}(-\omega_{z2}\cos\delta_2\sin\delta_1 + \omega_{y2}\sin\delta_2) - mg\sin\theta_a\cos\psi_2 \\
F_{y2} &= \frac{\rho v_r}{2}Sc_x\omega_{y2} + \frac{\rho S}{2}c_y \frac{1}{\sin\delta_r}(v_r^2\cos\delta_2\sin\delta_1 + v_{r\eta}\omega_{y2}) - \frac{\rho v_r^2}{2}Sc'_y\delta_N\cos\gamma_1 \\
&\quad + \frac{\rho v_r}{2}Sc_z \frac{1}{\sin\delta_r}[(v - \omega_{x2})\sin\delta_2 + \omega_{z2}\cos\delta_2\cos\delta_1] - mg\cos\theta_a + \\
&\quad 2\Omega_E mv(\sin\psi_2\cos\theta_a\cos\Lambda\cos\alpha_N + \sin\theta_a\sin\psi_2\sin\Lambda + \\
&\quad \cos\psi_2\cos\Lambda\sin\alpha_N) \\
F_{z2} &= \frac{\rho v_r}{2}Sc_x\omega_{z2} + \frac{\rho S}{2}c_y \frac{1}{\sin\delta_r}[v_r^2\sin\delta_2 + v_{r\xi}\omega_{z2}] - \frac{\rho v_r^2}{2}Sc'_y\delta_N\sin\gamma_1 + \\
&\quad \frac{\rho v_r}{2}Sc_z \frac{1}{\sin\delta_r}[-\omega_{y2}\cos\delta_2\cos\delta_1 - (v - \omega_{x2})\omega_{z2}\cos\delta_2\sin\delta_1] + \\
&\quad mg\cos\theta_a\sin\psi_2 + 2\Omega_E mv(\sin\Lambda\cos\theta_a - \cos\Lambda\sin\theta_a\cos\alpha_N) \\
v_r &= \sqrt{(v - \omega_{x2})^2 + \omega_{y2}^2 + \omega_{z2}^2}, \delta_r = \arccos(v_{r\xi}/v_r) \\
v_{r\xi} &= (v - \omega_{x2})\cos\delta_2\cos\delta_1 - \omega_{y2}\cos\delta_2\sin\delta_1 - \omega_{z2}\sin\delta_2 \\
v_{r\eta} &= v_{r\eta2}\cos\beta + v_{r\zeta2}\sin\beta, v_{r\zeta} = -v_{r\eta2}\sin\beta + v_{r\zeta2}\cos\beta \\
v_{r\eta2} &= -(v - \omega_{x2})\sin\delta_1 - \omega_{y2}\cos\delta_1 \\
v_{r\zeta2} &= -(v - \omega_{x2})\sin\delta_2\cos\delta_1 + \omega_{y2}\sin\delta_2\sin\delta_1 - \omega_{z2}\cos\delta_2 \\
\omega_{x2} &= \omega_x\cos\psi_2\cos\theta_a + \omega_z\sin\psi_2, \omega_{y2} = -\omega_x\sin\theta_a \\
\omega_{z2} &= -\omega_x\sin\psi_2\cos\theta_a + \omega_z\cos\psi_2 \\
\omega_x &= -\omega\cos(\alpha_W - \alpha_N), \omega_z = -\omega\sin(\alpha_W - \alpha_N)
\end{aligned}\right\}$$

$$(7-34)$$

该方程组的具体的输入参数见表 7 - 6。

表 7 - 6　六自由度刚体弹道模型输入参数表

符　号	名　称	符　号	名　称
m	质量	D	直径
l	弹长	A	赤道转动惯量
C	极转动惯量	k	诱导阻力系数
δ_f	尾翼斜置角	Λ	纬度
ω	风速	α_w	风向与正北夹角
α_N	射向与正北夹角	t_0	时间
v_0	初速	θ_{a0}	速度高低角
ψ_{20}	速度方位角	$\omega_{\xi0}$	滚转角速度
$\omega_{\eta0}, \omega_{\zeta0}$	摆动角速度	φ_{a0}	弹轴高低角
φ_{20}	弹轴方位角	γ_0	滚转角
x_0	射程	y_0	弹道高
z_0	侧偏	h	计算步长

4.弹道解算实现

现代制导火箭火控系统采用通用弹道模块来完成多型火箭弹的弹道解算，以解决火控系统中跨平台处理多弹种、缩短弹道计算时间的问题。

通用弹道解算模块设计流程如图 7 - 26 所示。

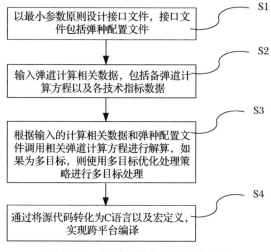

图 7 - 26　弹道解算模块设计流程图

（1）以最小参数原则设计接口文件，接口文件中包括标准化接口文件、弹种配置文件、容错文件等，通过弹种配置文件不需要修改程序就能实现新弹种的加载。

（2）输入弹道计算相关数据，包括备弹道计算方程以及各技术指标数据，例如多目标的范围、阵地、目标、弹重范围和药重范围。

（3）根据输入的计算相关数据和弹种配置文件调用相关弹道计算方程进行解算，如果为多目标，则使用多目标优化处理策略进行多目标处理。

（4）通过将源代码转化为 C 语言以及宏定义，实现跨平台编译。

以上处理弹道解算在保证计算精度的情况下，达到了多目标弹道计算时间缩短的目的。目前，已经通过验证，XX 制导弹打击 8 个多目标时，实装上计算时间大于 30 s，经过多目标处理后，大约 17 s，缩短了 45％。

第 8 章

现代制导火箭模拟训练

|8.1 现代制导火箭模拟训练器简介|

现代制导火箭模拟训练功能采用现代制导火箭模拟训练器实现。现代制导火箭模拟训练器可满足武器系统日常操作训练的需要,解决实装训练中人多、装备少和效费比低等矛盾。现代制导火箭模拟训练器具体可实现的功能如下:

(1)具有现代制导火箭武器系统作战流程模拟训练的功能,包括火箭炮工作流程、弹药装填、通信组网和作战指挥流程等模拟操作使用训练。

(2)具有模拟发射多种系列制导火箭弹的操作训练功能。

(3)具有对主要通信设备操作使用、通信组网操作训练功能。

(4)具有训练监控、训练考评等功能。

(5)训练监控台能根据训练题库辅助教官设置训练课目,指导与监控各岗位的操作,考评训练成绩,提供训练过程的三维视景演示。

(6)具有火控系统操作训练功能,可模拟定位定向导航、卫星星历、传递对准等工作流程所必需的信息数据,工作流程及信息交互与实装保持一致;能与营/连射击指挥车模拟训练台及训练监控台数据通信,按系统作战流程进行火箭炮工作流程操作训练。

|8.2　模拟训练器系统组成|

模拟训练器系统主要由室内模拟训练装置和模拟贮运发箱组成,系统组成图如图 8-1 所示。

8.2.1　室内模拟训练装置

室内模拟训练装置主要通过在室内搭建与实装相似的操作使用环境,最大限度地模拟装备的功能和战术技术性能,从而给参训人员营造一种全方位、贴近实战的真实操纵感,使人员能够通过室内模拟训练尽快熟悉武器装备并掌握相应的作战技能。

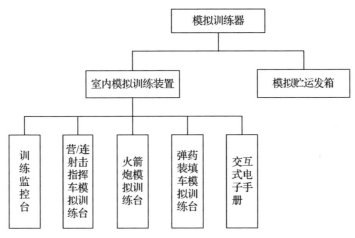

图 8-1　模拟训练器组成图

1.训练监控台

训练监控台由监控计算机、显示器、电力线通信调制解调器、投影仪、电力网络影音传输器、电源插座和台架等组成,主要用于系统监控、训练科目设置、训练过程控制、视景效果演示、训练成绩评定和多媒体教学等,组成图如图 8-2 所示。

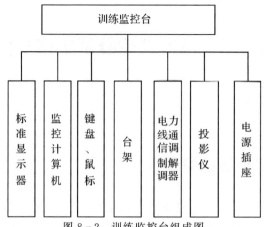

图 8-2 训练监控台组成图

2.营/连射击指挥车模拟训练台

营/连射击指挥车模拟训练台由显示器、综合计算机、电力线通信调制解调器、通信网络控制模拟设备、超短波电台模拟设备、双频段电台模拟设备、高速数据电台模拟设备、电缆和台架等组成;用于营/连射击指挥车进行指挥、通信组网、流程作业等训练,可根据需要登陆不同的身份,配置成营或连射击指挥车模拟训练台使用,包括指挥员席、指挥控制席、综合保障席等。组成图如图 8-3 所示。

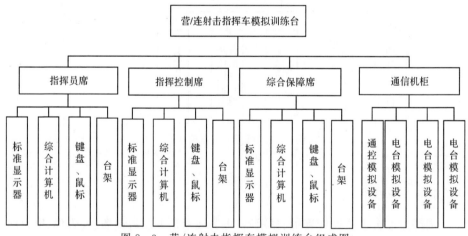

图 8-3 营/连射击指挥车模拟训练台组成图

3.火箭炮模拟训练台

火箭炮模拟训练台主要由炮长终端模拟设备、操控终端模拟设备、智能配电箱模拟设备、主控计算机、通控模拟设备、超短波电台模拟设备等组成;用于火控系统操作训练,包括炮长训练席、操控手训练席等。组成图如图8-4所示。

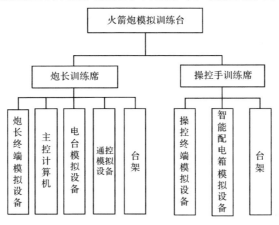

图8-4　火箭炮模拟训练台组成图

4.弹药装填车模拟训练台

弹药装填车模拟训练台由模拟线控盒、模拟操控手柄、模拟智能控制装置主控盒、数据处理主机、接口盒、液晶显示器、VR交互设备、状态显示装置模拟设备、超短波电台模拟设备、通信网络控制模拟设备、电力线通信调制解调器、台架等组成;用于多型火箭弹模拟装填操作训练,包括吊装模拟训练席、通信模拟训练席等。组成图如图8-5所示。

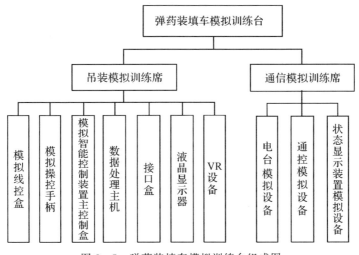

图8-5　弹药装填车模拟训练台组成图

5.交互式电子手册

交互式电子手册由平板电脑、防护包和附件(含电容笔、电源适配器、充电和数据交互线、外置电源)组成,用于辅助装备操作使用、维修维护、人员培训及技术资料管理。

8.2.2　模拟储运发箱

模拟贮运发箱主要由箱架、非金属定向管、发射流程模拟装置等组成,用于部队室外训练,通过模拟实装贮运发箱进行日常吊装以及流程操作训练。组成图如图8-6所示。

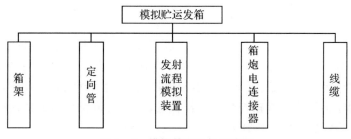

图8-6　模拟储运发箱组成图

8.2.3　软件组成

模拟训练器共包括33个软件配置项,其中新研5个,改进3个,选用实装软件25个,软件组成见表8-1。

表8-1　模拟训练器软件状态

序号	名　称	单体/模块	功能描述
1	训练软件	训练监控台	实现训练场景设计、训练题目编辑和训练计划生成;实现训练流程控制、训练操作上报和训练成绩评估;实现视景演示软件运行

续表

序号	名　　称	单体/模块	功能描述
2	显示控制软件	火箭炮模拟训练台/主控计算机	具有系统巡检、卫星操作、无线车通操作、用炮收炮流程控制操作等功能以及状态显示
3	弹道解算软件		依据经纬度、药温、弹重、弹种、弹数、目标距离、炮目方向等信息,完成相应弹道解算,计算射击开始诸元及飞行控制参数
4	报文编解码软件		根据报文描述文件,实现对所有通信报文的编解码功能
5	数据管理软件		能够对数据库中报文履历、历史口令等数据进行更新、添加、删除、查询和存储功能
6	模拟终端软件		模拟实现火控系统缺装设备的功能,满足火控系统操作流程的执行
7	任务服务框架软件		能够调度各个服务构件软件协同工作
8	故障诊断软件		提供基于故障原理和经验查询的故障诊断服务
9	智能配电软件	火箭炮模拟训练台/模拟智能配电箱	能够实现电源系统监控管理、配电支路状态监测情况的模拟
10	侦察情报处理	营/连射击指挥车模拟训练台/综合计算机 2	能够采集、实时接收、显示目标情报信息,对目标进行统一管理;提供目标价值排序等处理功能
11	阵地勘测		与阵地连测系统进行信息交互,获取测地信息,通过测地计算获取测地位置信息,按照预选阵地、校正点进行分类存储;可计算火箭炮位置,为火箭炮赋予射向
12	毁伤评估		根据作战任务,对兵力需求、弹药需求进行预先评估,提出兵力需求和弹药需求。在此基础上筹划火力运用方案,进行火力计划的评估
13	网络管理		能够进行通信地址规划、通信网络拓扑规划、导入拓扑规划、生成通信网络参数规划、生成频率参数规划、完成系统中各通信链路的误帧率测试和延时测试
14	设备管理		以图形化方式监控通信网络控制设备、高速数据电台、超短波电台、双频段电台、高速有线数话同传设备、电源、车内计算机等设备运行状态;能够管理车内设备参数,进行添加、修改设备参数

续表

序号	名 称	单体/模块	功能描述
15	兵力部署		根据射击任务,以火箭炮营或连为火力单位进行区分编组;根据本次战斗的作战任务和战场态势,对人员、装备等作战力量进行配属和调整
16	兵力机动		依据部队所属装备的性能指标,设置通行时的道路条件。依据战场情况设置禁止区域;设置路径规划的目标因素,可自动生成行军计划并标图等
17	计划火力		根据上级综合火力打击计划和作战任务,进行火力筹划,为部(分)队分配适当的火力打击任务,形成火力打击方案
18	空域需求		计算制导火箭弹弹道空域占用需求,时域占用需求,气象探测占用空域需求等,可按照 DAB105 规定的交换格式生成空域占用需求文件并上报
19	作战方案	营/连射击指挥车模拟训练台/综合计算机 1	根据战斗类型和样式的不同,通过分支计划,包括兵力部署、兵力机动、火力计划等进行综合考虑,将各类信息进行综合,形成多种作战方案
20	常用计算		提供测地计算、行军长径计算、坐标转换等炮兵常用计算功能,调用弹种服务算功能
21	射击指挥		能够根据火力计划组织计划内目标射击,对临时发现目标或未达到毁伤要求的目标组织计划外目标射击
22	保障指挥		能够进行工程保障、三防、警戒自卫、战场管理等保障指挥
23	指挥短语		能够发送、接收和管理系统对时、C 时刻、指挥员规定、气象探测、气象通报、预选阵地、校正点坐标、保障点位置、安全区、遮蔽顶等,上报、汇集、管理火炮条件、弹药条件、阵地位置等指挥短语
24	文书辅助作业		能够对生成的计划、方案、指示、命令等进行查询、编辑、删除等功能。具备文书拟制功能,能够根据各类文书模板
25	综合态势		可接收、显示上级下发的态势,进行敌情、我情分析,生成敌情态势图、我情态势图

续表

序号	名　称	单体/模块	功能描述
26	训练模拟	营/连射击指挥车模拟训练台/指挥计算机	能够模拟上级指挥系统、营指挥车、连指挥车,拟制与下达火力计划、射击口令以及有关作战文书
27	部队行动监控		能够以统筹图(甘特图)、电子表格(执行矩阵)、态势图方式监控战斗行动执行情况;当战斗行动未按计划完成时,可进行告警等功能
28	状态显示装置软件	弹药装填车模拟训练台/状态显示装置模拟设备	用于通信设备的管理以及报文显示等
29	模拟吊装训练软件	弹药装填车模拟训练台/数据处理主机	按照流程开展储运发箱的模拟装填训练
30	电台模拟软件	TCR172A 电台模拟设备	模拟 TCR172A、TCR173B 电台的操作界面和业务逻辑,完成与实装一样的操作功能;实现语音传输、导调响应、通控器设置响应和组网功能;完成跨局域网 IP 数据包转发功能
		TCR173B 电台模拟设备	
31	通控模拟软件	ZTKX11-200 通控模拟设备	模拟 ZTKX11-200 通控器、NCA001 通控器的操作界面和业务逻辑,完成与实装一样的操作功能
		NCA001 通控器模拟设备	
32	交互式电子技术手册软件	交互式电子手册/平板电脑	提供通用的硬件环境,运行不同武器系统的数据包,实现辅助装备操作使用、维修维护、人员培训及技术资料管理
33	发射流程模拟装置软件	模拟储运发箱	模拟火箭弹与火控系统进行数字通信、模拟实际火箭弹实际流程、模拟火箭弹接收火控系统发出的激活等模拟信号,并提供人机接口对信号状态进行表示、模拟火箭弹异常状态等任务

　　训练监控台是模拟训练器的核心,新研训练软件,实现训练任务的导调控制。

　　营/连射击指挥车模拟训练台实现模拟实装营/连射击指挥车的功能,采用实装指挥软件构件。

火箭炮模拟训练台实现模拟实装火控系统的功能,选用部分实装软件,新研模拟终端软件、智能配电软件。

弹药装填车模拟训练台实现模拟实装弹药装填车的功能,选用实装状态显示装置软件,新研模拟吊装训练软件。

模拟通控实现模拟实装 ZTKX 通控、NCA001 通控的功能,在 JPS031 现代制导火箭火控系统模拟训练装置通控模拟软件的基础上改进。

模拟电台实现模拟实装超短波电台、双频段电台、高速电台的功能。

交互式电子手册实现辅助装备操作使用、维修维护、人员培训及技术资料管理的功能,新研电子手册软件。

模拟储运发箱实现模拟实装储运发箱的功能,新研发射流程模拟装置软件。

|8.3 模拟训练器系统设计|

8.3.1 模拟训练器系统结构设计

1.训练监控台结构设计

训练监控台采用两个独立的机柜设计,均可以拆卸和拼装,具有质量轻、拼接简单等优点,易于后期安装搬运。机柜柜体采用钢制框架结构,冷轧钢材质焊接,柜体外表面进行静电粉末喷塑工艺的防锈处理;柜体设有前后两个平开柜门,方便安装设备和插拔电缆,柜门上设有锁具和鱼鳞式散热孔,具有防尘和散热功能;柜体正前方上部设计有显示器安装面,采用镶嵌式安装方式,中间设计有台面,台面内部设计有键盘托架结构;柜体内部采用机架式设计,前后均可安装标准的 19 in 上架式设备,其中一个柜体内部安装有网络交换机、监控计算机、显示器、打印机、视频分频器、音箱、3 kV·A 稳压电源等主要设备,另一个柜体内部安装有视频选择器,视景计算机、显示器、音箱、3 kV·A 稳压电源等主要设备。机柜后部设计走线孔,全系统供电首先接入机柜内部 3 kV·A 的稳压电源,然后再将各输出电压分别通过两个机柜内部安装的电源插座输出,训练监控台整体外观呈现结构分布合理、部件布置简约和人机工程友好等风格,结构效果图如 8-7 所示。

图 8-7　训练监控台结构效果图

2.火箭炮模拟训练台设计

火箭炮模拟训练台采用钢制框架座舱分体式结构,乘员具有相对独立的操作环境,舱体采用可拆卸、可拼装结构设计,模拟火箭炮训练台舱内作业环境、上装模拟设备布局兼顾现代制导火箭火控系统座舱布局,舱内设置 3 个作业席位,分别为炮长席位、火控席位和发控席位,紧贴实装,最大限度地还原实装环境下各操作手使用体验。炮长显示器模拟设备、火控操作显示台模拟设备、地控操作显示台模拟设备、智能配电箱模拟设备采用实装设备,设备质感、操作手感、操作阻力感受与实装完全一致;通信控制器模拟设备、超短波电台模拟设备的人机交互功能部件外观尺寸、壳体材料和操作面板(包括开关、按键、旋钮、指示灯、显示屏、接插件)选用实装零部件,设备质感、操作手感、操作阻力感受与实装相似度高,结构效果图如 8-8 所示。

图 8-8　火箭炮模拟训练台结构效果图

8.3.2　系统电气设计

1.供电系统设计

现代制导火箭火控系统综合训练系统供电输入采用 220 V、50 Hz 市电,通过两个3 kV·A稳压电源输出220 V稳压电源,并且通过带保护多功能插座,集中为1套训练监控台和4套火箭炮模拟训练台提供220 V稳压电源输入。

为了真实模拟仿真火箭炮上装各系统开启与关闭的顺序,220 V稳压电源接入火箭炮模拟训练台后,通过防雷交流电源插座为火箭炮主控计算机和网络交换机提供220 V电源输入;通过直流稳压电源将交流220 V电源转换为直流28 V电源,并接入智能配电箱模拟设备,通过智能配电箱模拟设备输出28 V稳压电源供炮长显示器模拟设备、火控操作显示台模拟设备和地面操作显示台模拟设备使用,通过炮长显示器模拟设备为通信系统(通信控制器模拟设备和超短波电台模拟设备)供电,供电系统具体设计如图8-9所示。

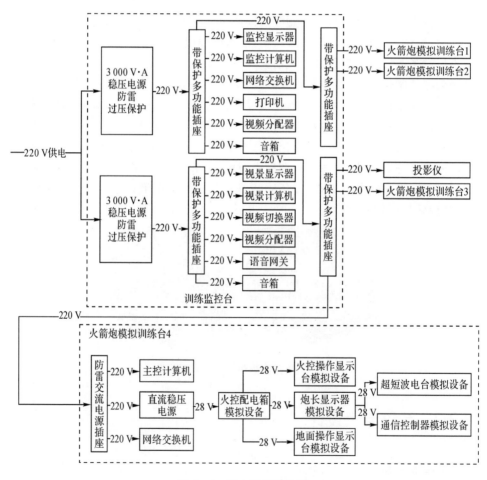

图8-9 供电系统设计图

2.通信系统设计

现代制导火箭火控系统综合训练系统采用千兆以太网作为信息传输载体,具有导控网、监控网和指挥网等三种网络拓扑结构并存的系统通信能力。通信系统具体设计如图 8－10 所示。

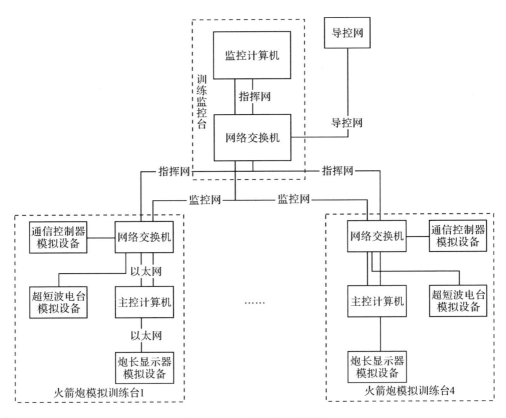

图 8－10　通信系统设计图

导控网,通过训练监控台网络交换机将上级演训系统训练控制信息、想定同步信息、态势同步信息和炮兵指挥/情报信息接入至综合训练系统,使得本系统具备在上级演训系统率领下开展联网训练的能力。

监控网,训练监控台利用监控网向战炮分队所属火箭炮模拟训练台下发开始训练、暂停训练、继续训练和结束训练等训练控制命令和训练科目;火箭炮模拟训练台通过监控网将训练过程数据实时上报至训练监控台,为训练评估阶段提供数据支撑。

指挥网,通过操作设置火箭炮模拟训练台中超短波电台模拟训练器和通信网络控制器,搭建火箭炮模拟训练台和训练监控台指挥网或上级模拟指挥系统指挥网的互联互通,完成火箭炮模拟训练台和训练监控台或上级模拟指挥系统的阵地指挥功能,主要用于训练监控台或上级模拟指挥系统下发指挥员规定、通报目标、气象通报、阵地转移口令、计划内目标射击口令、计划外目标射击口令、射击计划表等指挥报文和火箭炮模拟训练台报告分队状况、报告开始诸元参数、报告装定诸元参数、报告完成战斗任务情况等火控报文。

3.话音系统设计

为了加强现代制导火箭火控系统综合训练系统组训人员和受训人员命令响应,在导控网、监控网和指挥网互联互通的基础上,增设话音互联功能。即在1套模拟训练监控台和4套火箭炮模拟训练台中,各部署1台IP网络电话机,通过网络交换机将火箭炮模拟训练台话音数据接入至训练监控台网络交换机,经由训练监控台语音网关和IP网络电话机,实现训练监控台与火箭炮模拟训练台之间的话音互联互通,话音系统具体设计如图8-11所示。

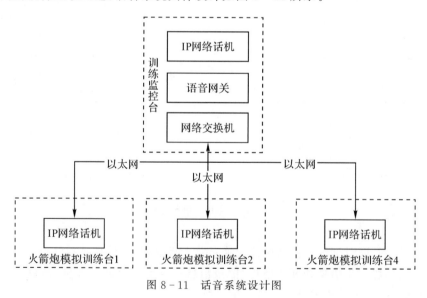

图8-11 话音系统设计图

4.视频系统设计

为了加强现代制导火箭火控系统综合训练系统组训人员对受训人员的训练

监控能力和增强训练过程中的沉浸感和代入感,通过视频系统能够实现训练监控台对所属火箭炮分队炮长显示器模拟设备、火控操作显示台模拟设备和地控操作显示台模拟设备的视频监控功能;并且通过视频系统、投影设备和音响设备的综合应用,实现训练教学过程中三维视景显示和声音效果演示。

通过将 4 套火箭炮模拟训练台中的炮长显示器模拟设备、火控操作显示台模拟设备和地面操作显示台模拟设备的 HDMI 信号同时接入至训练监控台 16路视频切换器,实现综合训练系统所属火箭炮分队火箭炮模拟训练台视频信号的统一集中采集;训练监控台下发给各个火箭炮模拟训练台主控计算机的训练科目和操作命令等训练试题信息,可以通过 VGA 信号传输到 15 in 显示器上用于显示;训练监控台中的监控计算机和视景计算机通过各自的视频分配器,将视频信息同时接入 16 路视频切换器,实现对训练监控台视频信息的统一集中采集;通过视景计算机进行视频源切换操作,实现对所选视频信息的投影显示,视频系统具体设计如图 8 - 12 所示。

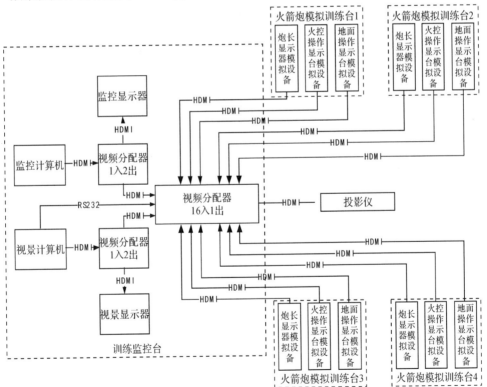

图 8 - 12　视频系统设计图

8.3.3 系统工作原理

现代制导火箭火控系统综合训练系统内部是由训练监控台和火箭炮模拟训练台等分系统组成的,分系统间通过网络交换机实现训练试题信息、训练控制信息、训练过程数据信息、模拟指挥报文信息、训练记录信息和训练成绩的互联互通,能够实现单装、炮班和协同等全要素、全流程等训练;综合训练系统利用网络交换机将上级炮兵分队综合训练模拟系统和炮兵部队指挥对抗训练系统的想定信息、态势信息、训练监控信息和指挥信息,接入至本综合训练系统;现代制导火箭火控系统综合训练系统通过上级模拟训练系统训练信息支撑系统,接入由现代制导火箭火控系统综合训练系统、榴弹炮武器综合训练系统、加榴炮武器综合训练系统和强雷达训练模拟器等训练系统组成的陆军炮兵模拟训练信息交互技术体制,实现炮兵部队指挥对抗训练系统与炮兵分队综合模拟训练系统互联,以及各型炮兵武器平台模拟训练系统的信息交互对接,形成集构造仿真、虚拟仿真、半实物仿真的炮兵群、营、单装的三级训练体系,支撑展开炮兵部队指挥对抗演练。具体系统工作原理如图 8 - 13 所示。

|8.4 主要功能训练流程|

现代制导火箭火控系统综合训练系统的训练科目与考核标准设计结合远火分队训练的特点,按照不同的难度及要求进行分级,以操作技能为基础、以协同训练为主线、以射击流程为中心进行设计,训练科目/流程按照不同的难度及要求,分为装备操作训练、炮班协同训练和阵地协同训练及战术协同训练等 4 类。组训人员在训练监控台为受训者(炮长、操控员、维护员)选择下发训练试题,并适时监控受训者的相关操作并完成相应训练考评,评定训练成绩,使参训者能够熟练掌握远火火力打击作战任务中各个技能点的操作。

训练科目与考核标准设计结合远火分队训练特点,按照不同的难度及要求进行分级,以协同训练为主线、以射击流程为中心、以操作技能为基础进行设计。各级之间存在着关联性,较低层次的训练题目是高层次训练题目的构成模块,即每个作战环节下包括几项任务、每项任务下包含若干功能、完成每个功能需要几项基本操作。

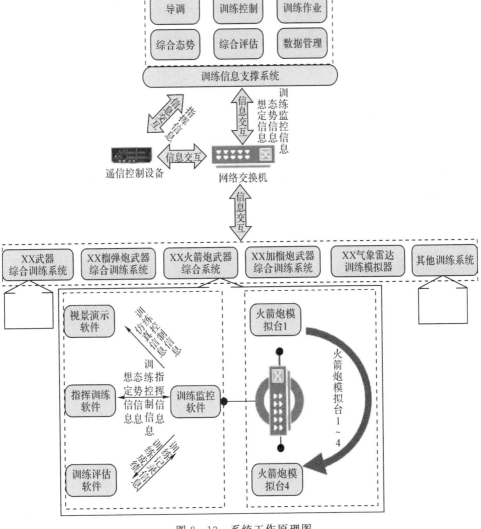

图 8-13　系统工作原理图

训练流程分为训练准备阶段、训练实施阶段和训练评估阶段,如图 8-14 所示。

训练准备阶段组训者利用训练监控软件编辑并保存训练科目、训练计划,利用训练评估系统编辑并保存训练科目评估准则。组训者在训练监控软件中选择并加载待训练的训练计划信息,参训人员打开智能配电箱模拟设备给各模拟设备加电。训练监控软件检查各模拟设备的网络在线情况及工作状态,向视景演示软件发送训练地域信息及气象信息想定。

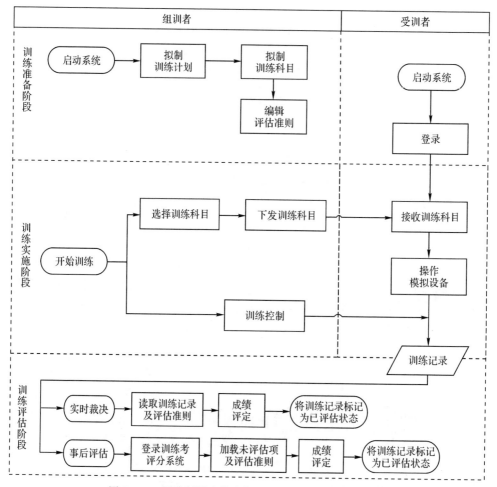

图 8-14　现代制导火箭火控系统综合训练系统流程图

　　在训练实施阶段,由训练监控软件向训练代理软件下发训练课目信息、参训人员信息和训练控制命令(开始训练、暂停训练、继续训练、结束训练),训练代理接收训练控制命令后启动火控主控软件运行,模拟缺装设备的工作状态,炮长在炮长显示器模拟设备、通信控制器模拟设备、超短波电台模拟设备中进行操作,操控员在智能配电箱模拟设备、操控台模拟设备进行操作,火控主控软件采集各操作手的操作过程及操作信息,并将操作信息上报给训练监控软件进行采集分析与保存。视景演示软件根据训练监控软件设置的训练地域信息、气象条件等信息,实时模拟仿真相应各作战环节的三维动画效果并显示。

　　训练科目完成或训练被终止后,训练转入评估阶段。组训者根据训练计划以及参训者的操作记录,为参训者的训练效果进行评估。

在训练评估阶段,训练评估系统的训练评估方式有实时裁决和事后评估两种方式。

1.实时裁决

训练过程中,训练评估系统为在线状态,训练结束后,训练监控软件将当前训练记录信息发送给训练评估系统,训练评估系统根据训练记录信息从数据库中读取训练科目步骤信息、参加训练人员信息、参训者操作结果信息后,根据组训者拟定的评估准则对参训者的训练结果进行评估,并将评估结果保存到数据库中,将当前评估的训练记录标记为已评估状态。

2.事后评估

训练过程中,训练评估系统为离线状态,训练结束后,训练监控软件将当前训练记录信息标记为未评估状态。组训者在训练结束后登陆训练评估系统,点击"加载评估项",训练评估系统加载所有未评估的训练记录信息,组训者选择待评估项后点击评定,训练评估系统根据训练记录信息从数据库中读取训练科目步骤信息、参加训练人员信息、参训者操作结果信息后,根据组训者拟定的评估准则对参训者的训练结果进行评估,并将评估结果保存到数据库中,将当前评估的训练记录标记为已评估状态。

8.4.1 装备操作训练

装备操作训练主要完成现代制导火箭火控系统单战位的装备操作技能训练,可进行炮长席位的信息监控、北斗设置、惯导操作、惯性导航、地体标绘、通信组网、参数配置、报文收发等操作训练;可进行操控员席位的弹道解算、操瞄计算、用炮收炮、行军转换、配电管理等操作训练;可进行维护员席位的有弹检查、选弹、参数装定、申请星历和发射控制等操作训练。

1.炮长席位训练

(1)训练科目设计。针对现代制导火箭火控系统武器系统中炮长的岗位职能和技能,设计炮长席位训练科目见表 8-2。

(2)训练流程设计。炮长训练功能使用流程为:

教练员使用训练监控软件和训练评估软件编辑训练人员、训练科目、训练内容、训练要求和评定标准,建立炮长训练任务,训练科目见表 8-2。

表 8-2 装备操作训练炮长训练科目

序号	训练科目	操作内容	训练对象
1	科目1:系统巡检	系统巡检	
	科目2:火控监测	弹道解算结果监测	
		操瞄调炮过程监测	
		火控配电状态监测	
		可行军提示监测	
2	科目3:惯导操作	校正点坐标输入	
		惯导寻北操作	
		导航方式设置及导航	
		安装误差参数获取、修改	
3	科目4:北斗操作	定位模式、码制模式设置	
		有效期查询、IC卡信息查询	
		定位数据查看	
		位置上报	炮长
		短报文收发	
4	科目5:地图操作	地图导入、放大与缩小、移动	
5	科目6:报文收发	指挥报文接收与使用	
		火控报文编辑与上报	
6	科目7:通信组网	通信控制器操作	
		超短波电台操作	
		有/无线组网	
7	科目8:弹道解算	弹道解算	
8	科目9:系统对时	系统对时	
9	科目10:系统管理	总线记录、故障诊断、辅助计算	
10	科目11:系统关机	关机操作	

教练员下发训练任务至模拟训练台,火控主控软件接收并显示训练信息。

炮长根据训练科目内容,在炮长显示器模拟设备中按照实装流程分别执行相应操作,大屏幕投影显示炮长操作过程的视频影像。

炮长显示器模拟设备软件将操作过程数据上报至火控主控软件。

火控主控软件完成数据筛选后将数据发送至训练监控台网络通信软件。

训练完成后,训练监控软件将训练记录信息发送给训练评估软件,训练评估软件完成成绩评定。教练员确定并下发训练成绩,通过训练代理软件进行训练成绩显示。

炮长训练功能使用流程示意图如图8-15所示。

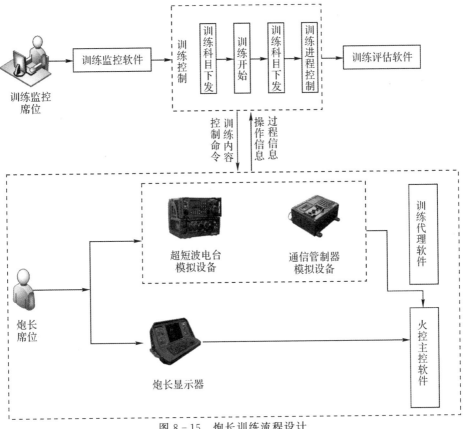

图8-15　炮长训练流程设计

2.操控员席位训练

(1)训练科目设计。针对现代制导火箭火控系统武器系统中操控员的岗位职能和技能,设计操控员席位训练科目见表8-3。

表 8 - 3 装备操作训练操控员训练科目

序号	训练科目	操作内容	训练对象
1	科目1:系统巡检	执行系统系统巡检	
2	科目2:惯导操作	进入惯导操作界面; 打开惯导电源; 输入校正点坐标,发送校正点坐标; 发送寻北命令; 获取导航数据; 发送停止导航命令	
3	科目3:战斗行军转换	执行自动用炮、自动收炮; 显示炮车状态变化; 操作解脱、开电源; 显示执行结果	
4	科目4:弹道解算	手工输入阵地坐标、目标坐标或者从指挥车下发的报文里面获取阵地、目标、气象数据、弹种、弹数; 根据输入的目标、阵地坐标以及气象数据,计算出射角射向	
5	科目5:操瞄调炮	输入调炮方位和高低诸元; 显示调炮过程反馈的位置数据和到位状态; 显示状态指示灯	操控员
6	科目6:参数设置	输入并保存射击装定诸元、弹性变形量,单炮修正量等信息	
7	科目7:毁伤计算	根据输入的炮目距离等参数,由毁伤概率计算出需要的弹药;或者根据弹药消耗量,计算毁伤概率	
8	科目8:检查弹药准备情况	执行对接检测	
9	科目9:设置弹种、引信	选择弹种; 设置引信方式	
10	科目10:执行选弹	选择管号	
11	科目11:技术阵地流程	技术阵地流程操作	
12	科目12:发射阵地流程	发射阵地流程操作	
13	科目13:发射流程	按下发射按钮,执行发射	
14	科目14:系统管理	总线记录、故障诊断、辅助计算	
15	科目15:系统关机	关机操作	

（2）训练流程设计。操控员训练功能使用流程为：

教练员使用训练监控软件和训练评估软件编辑训练人员、训练科目、训练内容、训练要求、评定标准，建立操控员训练任务。

教练员下发训练任务至模拟训练台，火控主控软件接收并显示训练信息。

操控员根据训练内容，在火控操作显示台模拟设备执行相应操作。

大屏幕投影显示操控员操作过程的视频影像；调炮过程中，在三维视景模式下显示火箭炮调炮过程中的实时姿态信息。

火控操作显示台模拟设备软件将操作过程数据上报至火控主控软件。

火控主控软件完成数据筛选后将数据发送至训练监控台网络通信软件。

训练完成后，训练监控软件将训练记录信息发送给训练评估软件，训练评估软件完成成绩评定。教练员确定训练成绩并下发，通过训练代理软件进行训练成绩的显示。

操控员训练功能使用流程示意图如图 8 - 16 所示。

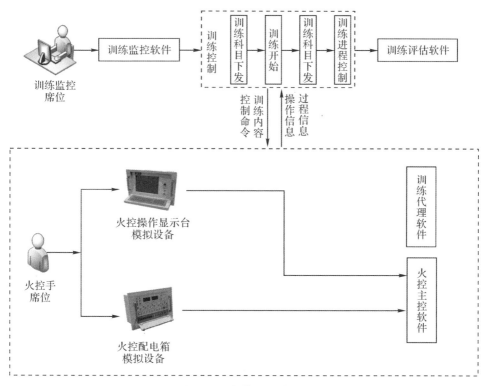

图 8 - 16　操控员训练流程

3.维护员席位训练

(1)训练科目设计。针对现代制导火箭火控系统武器系统中维护员的岗位职能和技能,设计操控员席位训练科目见表8-4。

表8-4　装备操作训练维护员训练科目

序　　号	训练科目	操作内容	训练对象
1	科目1:系统巡检	按系统巡检键,执行单体自检	
2	科目2:总线记录查询	总线记录查询	
3	科目3:故障诊断	嵌入式故障诊断查询	维护员
4	科目4:辅助计算	坐标转换、测地计算	
5	科目5:系统关机	执行关机	

(2)训练流程设计。维护员训练功能使用流程为:

教练员使用训练监控软件和训练评估软件编辑训练人员、训练科目、训练内容、训练要求、评定标准,建立维护员训练任务;

教练员下发训练任务至模拟训练台,火控主控软件接收并显示训练信息;

维护员根据训练内容,在地面操作显示台模拟设备执行相应操作,地面操作显示台模拟设备软件将操作过程数据上报至火控主控软件。

火控主控软件完成数据筛选后将数据发送至训练监控台网络通信软件。

训练完成后,训练监控软件将训练记录信息发送给训练评估软件,训练评估软件完成成绩评定。教练员确定并下发训练成绩,通过训练代理软件进行训练成绩的显示。

维护员训练功能使用流程示意图如图8-17所示。

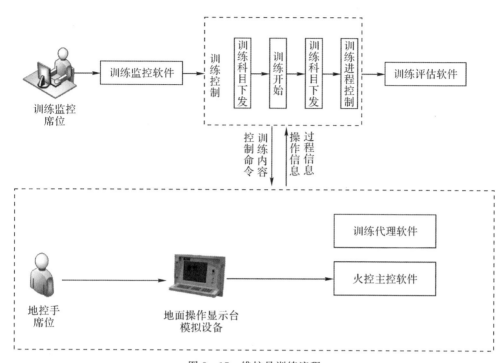

图 8-17 维护员训练流程

8.4.2 炮班协同训练

炮班协同训练主要针对远程火箭炮炮班从战斗任务准备至射击准备、射击实施、最后转移阵地的协同内容的训练。

1.训练科目设计

针对远程火箭炮战炮协同训练需求,设计炮班协同训练科目见表 8-5。

2.训练流程设计

炮班协同训练功能使用流程为:

教练员使用训练监控软件和训练评估软件编辑训练人员、训练科目、训练内容、训练要求、评定标准,建立炮班协同训练任务。

表 8 - 5　炮班协同训练科目

序　号	训练科目名称	训练对象
1	科目 1:战斗任务准备	
2	科目 2:火箭炮身份注册	
3	科目 3:建立无线通信,根据命令和制定路线完成行军	
4	科目 4:阵地开进,利用校正点修正惯导	
5	科目 5:完成战行转换,报告本炮信息	
6	科目 6:根据战斗任务完成弹药装填及检测	炮班
7	科目 7:接收上级下达诸元、操瞄调炮	
8	科目 8:自主决定开始诸元、操瞄调炮	
9	科目 9:发射并检查射击情况	
10	科目 10:收炮、阵地转移	
11	科目 11:上报任务完成情况,整理射击成果	

　　训练计划:战斗任务准备训练。训练科目:操作训练监控台,完成指挥控制战前筹划部署(科目 1)。训练内容:操作训练监控台完成训练任务准备工作。

　　训练计划:建立无线通信网络。训练科目:操作火箭炮模拟训练台,完成与上级无线通信网络建立和火箭炮身份注册(科目 2~3)。训练内容:炮班操作电台表号、网号、密钥号和频率等参数;设置通信控制器的超短波参数、路由表和节点地址等参数。

　　训练计划:获取火箭炮位置及导航信息训练。训练科目:操作火箭炮模拟训练台,获取火箭炮位置信息及导航信息。训练内容:炮班操作炮长显示器模拟设备设置北斗定位方式,完成惯导寻北操作。

　　训练计划:上级通报位置及行军路线信息,完成行军和惯导位置校正。训练科目:操作训练监控台完成上级指挥信息下发;操作火箭炮模拟训练台完成惯导校正(科目 3~4)。训练内容:操作训练监控台通报阵地位置、行军路径和校正点位置和下发行军命令;行军阵地开机过程中,操作火箭炮模拟训练台炮长显示器模拟设备,利用校正点修正惯导,完成行军导航任务。

　　训练计划:战行转换训练。训练科目:操作火箭炮模拟训练台,完成战行转换,报告本炮信息(科目 5)。训练内容:操作火箭炮模拟训练台,完成自动用炮;操作炮长显示器模拟设备发送火炮位置、火炮条件和本炮情况等上报报文。

训练计划:弹药装填及检测训练。训练科目:操作火箭炮模拟训练台,完成弹药检测(科目 6)。训练内容:操作火箭炮模拟训练台,地面操作显示台模拟设备,完成装弹检测。

训练计划:固定开始诸元发射准备(科目 7)。训练科目:操作训练监控台,完成诸元下发,操作火箭炮模拟训练台,完成操瞄调炮。训练内容:操作训练监控台,发送固定目标各炮装定诸元开始口令报文;待报文发送成功后,操作火箭炮模拟训练台炮长显示器模拟设备操作使用指挥报文;操作火控操作显示台模拟设备操作操瞄调炮。

训练计划:自主决定开始诸元发射准备(科目 8)。训练科目:操作训练监控台,完成诸元下发,操作火箭炮模拟训练台,完成操瞄调炮;训练内容:操作训练监控台,发送固定目标直角坐标开始口令报文,待报文发送成功后,操作火箭炮模拟训练台炮长显示器模拟设备使用指挥报文;操作火控操作显示台模拟设备选择计算机气象弹道解算和进行操瞄调炮。

训练计划:火箭弹发射训练(科目 9)。训练科目:简控火箭弹发射和制导火箭弹发射。训练内容:操作火箭炮模拟训练台,地面操作显示台模拟设备,完成装弹检测、参数装定、车内/车外击发和留膛检测。

训练计划:转移阵地训练(科目 10)。训练科目:操作火箭炮模拟训练台,完成自动收炮。训练内容:操作火箭炮模拟训练台,完成自动收炮操作。

训练计划:上报任务完成情况(科目 11)。训练科目:操作火箭炮模拟训练台,完成本炮情况上报。训练内容:操作火箭炮模拟训练台,炮长显示器模拟设备,完成火炮位置和人员、弹药数量报文。

教练员下发训练任务至模拟训练台,训练代理软件接收和显示训练信息。

根据炮班协同训练任务内容,训练操作流程如下:

训练监控台训练人员训练,操作训练监控台训练监控软件,完成任务准备工作。

炮班炮长席位训练人员,操作火箭炮模拟训练台,设置通控、电台等相关参数,建立与上级无线通信和火箭炮身份注册;操作火箭炮模拟训练台,炮长显示器模拟设备,设置北斗定位方式,执行北斗定位操作,获取火炮位置信息,并且利用北斗位置信息执行惯导寻北操作,完成惯导寻北过程。

训练监控台训练人员,操作训练监控台,训练监控软件,发送阵地位置、行军和校正点位置等上级信息给火箭炮模拟训练台,并且下达行军命令至模拟训练台和视景计算机。视景计算机接收到行军命令后,在三维视景仿真环境下实现火箭炮行军过程,并且模拟仿真行军至校正点位置后,炮班炮长席位训练人员操作模拟训练台炮长显示器模拟设备完成校正点修正惯导。

到达发射阵地后,炮班操控员席位训练人员操作火控操作显示台模拟设备,执行自动用炮,完成战行转换;炮班炮长席位训练人员操作炮长显示器模拟设备,发送本炮位置、火炮条件和本炮情况等上报报文,完成与训练监控台的上报本炮信息。

根据战斗任务,训练监控台训练人员发送弹药装填命令给视景计算机,在三维视景仿真环境下完成弹药装填过程;待弹药装填完成后,炮班维护员席位训练人员操作地面操作显示台模拟设备,执行装弹检测动作,完成弹药检测。

根据战斗任务,训练监控台训练人员,操作训练监控台给模拟训练台下发固定目标各炮装定诸元开始口令报文;待模拟训练台接收到上级报文后,炮班炮长席位训练人员操作炮长显示器模拟设备,执行收报管理查找此条报文信息,执行报文使用操作;炮班操控员席位训练人员根据报文关联调炮诸元,执行操瞄调炮操作,完成操瞄调炮。

根据战斗任务,训练监控台训练人员,操作训练监控台给模拟训练台下发固定目标直角坐标开始口令报文,并且要求炮班使用完成自主决定开始诸元;接收到上级口令后,炮班炮长席位训练人员操作炮长显示器模拟设备,执行收报管理查找此条报文信息,执行报文使用操作;炮班操控员席位训练人员,根据报文关联目标坐标信息,选择计算机气象,执行弹道解算动作,待获取调炮诸元后,执行操瞄调炮动作,完成操瞄调炮过程。

根据战斗任务,训练监控台训练人员下达射击准备命令,炮班维护员席位训练人员操作地面操作显示台模拟设备,执行装弹检测和参数装定动作,完成火箭炮发射准备。训练监控台训练人员下达射击准备命令,炮班炮长席位训练人员操作炮长显示器模拟设备,将车内/外拨码开关拨至车内/车外,操作炮长显示器模拟设备/车外击发装置,打开保险锁,按击发按钮,完成火箭弹发射。待发射完成后,操作炮长显示器模拟设备/车外击发装置,关闭保险锁,完成火箭炮留膛检测。

炮班操控员席位训练人员操作火控操作显示台模拟设备,执行自动收炮,完成收炮动作并通知训练监控台,训练监控台通知视景计算机,在三维视景仿真环境下完成阵地转移。

待转移阵地完成后,炮班炮长席位训练人员整理射击成果,操作炮长显示器模拟设备,执行火炮位置和人员、弹药数量上报报文。

在以上训练过程中,炮班火箭炮模拟训练台中炮长显示器模拟设备软件、火控操作显示台模拟设备软件和地面操作显示台模拟设备软件,将操作过程数据实时上报至火控主控软件。

火控主控软件完成数据筛选后将数据发送给训练监控台训练监控软件。

训练完成后,训练监控软件将训练记录信息发送给训练评估软件,训练评估软件完成成绩评定。教练员确定训练成绩并下发,将训练评估成绩发送至训练代理软件,显示训练成绩。

炮班协同训练功能使用流程如图 8 - 18 所示。

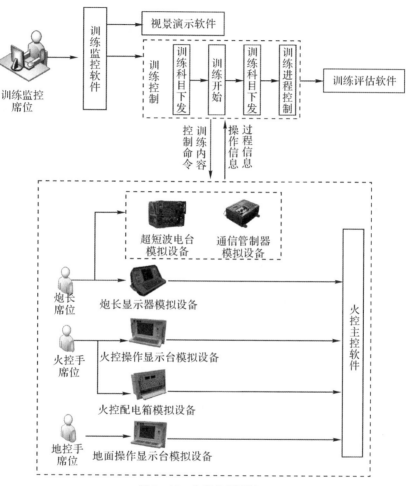

图 8 - 18　炮班协同训练

8.4.3　阵地协同训练

阵地协同训练主要针对远程火箭炮战炮分队完成战场机动、选择与占领阵地、射击准备与实施、转移阵地等阵地协同内容的训练。

1.训练科目设计

针对远程火箭炮阵地协同训练需求,设计阵地协同训练科目见表8-6。

表8-6 阵地协同训练科目

序号	训练科目名称	训练对象
1	科目1:下达战斗任务	
2	科目2:选择与占领阵地	
3	科目3:通过校正点、完成惯导修正、实现向发射阵地机动	战炮分队
4	科目4:完成射击准备	
5	科目5:对计划内、外目标实施射击	
6	科目6:转移阵地	

2.训练流程设计

阵地协同训练功能使用流程为:

教练员使用训练监控软件编辑训练人员、训练科目、训练内容、训练要求、评定标准,建立驻地准备—集结地域准备—技术阵地—发射阵地—转移阵地等阵地协同训练任务。

训练计划:战斗任务准备训练。训练科目:操作训练监控台,完成指挥控制战前筹划部署(科目1)。训练内容:操作训练监控台完成训练任务准备工作。

训练计划:下发上级指挥报文训练。训练科目:操作训练监控台,下发指挥报文(科目2)。训练内容:操作训练监控台,下发机动行军命令、下发占领技术阵命令、下发校正点坐标、下发固定目标指挥员规定、下发占领发射阵地、下发计划内射击口令、下发发射命令、下达机动转移阵地命令、下发计划外射击口令。

训练计划:火箭炮与上级互联互通设置。训练科目:操作火箭炮模拟训练台,设置电台、通控(科目1)。训练内容:设置电台表号、网号、密钥号、频率等参数;设置通信控制器的超短波参数、路由表、节点地址等参数。

训练计划:获取火箭炮位置及导航信息训练。训练科目:操作火箭炮模拟训练台,获取火箭炮位置信息及导航信息(科目2)。训练内容:操作炮长显示器模拟设备设置北斗定位方式,完成惯导寻北操作。

训练计划:惯导修正训练。训练科目:操作火箭炮模拟训练台,利用校正点完成惯导修正(科目3)。训练内容:操作火箭炮模拟训练台炮长显示器模拟设备,使用上级下发校正点坐标,完成惯导修正。

训练计划:战行转换训练。训练科目:操作火箭炮模拟训练台,完成战行转换,报告本炮信息(科目 5)。训练内容:操作火箭炮模拟训练台电气操控台,完成自动用炮;操作火箭炮模拟训练台炮长显示器模拟设备发送火炮位置、火炮条件和本炮情况等上报报文。

训练计划:弹药装填及检测训练。训练科目:操作火箭炮模拟训练台,完成弹药检测(科目 4)。训练内容:操作火箭炮模拟训练台地面操作显示台模拟设备,完成装弹检测。

训练计划:自主决定开始诸元发射准备。训练科目:操作火箭炮模拟训练台,完成火箭炮发射准备(科目 4)。训练内容:操作火箭炮模拟训练台炮长显示器模拟设备,使用上级下发固定目标直角坐标开始口令报文;操作火箭炮模拟训练台操控员终端,执行弹道解算、操瞄调炮和参数装定,完成火箭炮发射准备。

训练计划:火箭弹发射训练。训练科目:简控火箭弹发射、制导火箭弹发射(科目 5)。训练内容:操作模拟训练台炮长显示器模拟设备,完成车内发射。

训练计划:战行转换训练。训练科目:操作模拟训练台,完成自动收炮(科目 6)。训练内容:操作模拟训练台电气操控台,完成火箭炮自动收炮。

训练计划:火箭炮上报报文训练。训练科目:操作模拟训练台,完成上级指挥报文上报(科目 6)。训练内容:操作火箭炮模拟训练台,上报任务完成情况发射准备好、上报任务完成情况发射完毕和上报当前火炮位置信息和弹药条件。

教练员下发训练任务至战炮分队所属模拟训练台,所属模拟训练台火控主控软件接收并转发训练信息至训练代理软件,训练代理软件接收和显示训练信息。

根据阵地协同训练任务内容,阵地协同训练操作流程如图 8－19 所示。

(1)驻地准备训练流程。

训练监控台训练人员,操作训练监控台训练监控软件,完成任务准备工作。

所属战炮分队炮长席位人员训练,操作电台表号、网号、密钥号、频率等参数;设置通信控制器的超短波参数、路由表、节点地址等参数。

训练监控台训练人员,操作训练监控台训练监控软件,根据行军路径,给所属火箭炮模拟训练台,发送通报导航点信息报文,火箭炮完成机动行军至集结地域。

(2)集结地域准备工作训练流程。

训练监控台训练人员,操作训练监控台训练监控软件,给所属火箭炮模拟训练台,通报预选阵地位置报文、通报校正点位置报文和占领阵地指示报文,火箭炮完成机动行军至技术阵地。

(3)技术阵地工作训练流程。

训练监控台训练人员训练,操作训练监控台训练监控软件,给所属火箭炮模拟训练台通报指挥员相关规定,包括通报基准射向、通过全连经验修正量、通报遮蔽定报文和下发固定目标直角坐标开始口令。

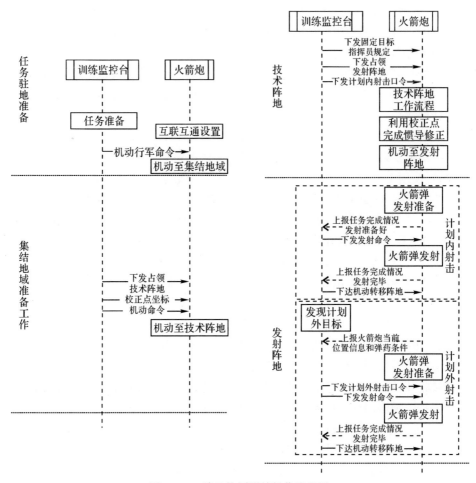

图 8-19　阵地协同训练操作流程图

所属火箭炮炮长席位训练,所属火箭炮操作模拟训练台,使用上级下发的通报基准射向、通过全连经验修正量、通报遮蔽定报文和下发固定目标直角坐标开始口令信息。

所属火箭炮炮长席位训练,所属火箭炮操作模拟训练台,执行北斗定位设置、惯导寻北等技术准备,并按照行军口令向发射阵地机动。待机动至校正点,执行惯导校正操作,完成惯导修正,继而机动至发射阵地。

(4)发射阵地(计划内射击实施射击)工作训练流程。

所属火箭炮操控员席位训练,所属火箭炮操作模拟训练台,操作火控操作显示台模拟设备,执行自动用炮,完成战行转换;操作模拟训练台,进行弹道解算、操瞄调炮等操作,完成火箭弹发射准备。

所属火箭炮维护员席位训练,所属火箭炮操作模拟训练台,操作地面操作显示台模拟设备,进行装弹检测和参数装定等操作,完成火箭弹发射准备。

所属火箭炮炮长席位训练,操作所属火箭炮模拟训练台,报告射击诸元报文;训练监控台训练人员下达发射射击口令;所属火箭炮炮长席位训练人员,拨动发射方式至车内,打开保险锁,按击发按钮,进行火箭弹发射,待火箭弹发射完成后,报告射击结果和报告人员和弹药数量报文,接收上级下达机动撤离命令;

所属火箭炮操控员席位训练,操作所属火箭炮模拟训练台,完成自动收炮,进行转移阵地。

(5)发射阵地(计划外射击实施射击)工作训练流程。

训练监控台训练人员发现计划外目标,要求所属战炮分队上报火箭炮当前火炮条件,所属火箭炮炮长席位,操作火箭炮操作模拟训练台,上报火箭炮当前位置信息和弹药条件。

训练监控台训练人员,根据所属分队火箭炮火炮条件,拟制下发固定目标直角坐标开始口令报文。

所属火箭炮操控员席位训练,所属火箭炮操作模拟训练台,操作火控操作显示台模拟设备,执行自动用炮,完成战行转换;操作模拟训练台,进行弹道解算、操瞄调炮等操作,完成火箭弹发射准备。

所属火箭炮维护员席位训练,所属火箭炮操作模拟训练台,操作地面操作显示台模拟设备,进行装弹检测和参数装定等操作,完成火箭弹发射准备。

所属火箭炮炮长席位训练,操作所属火箭炮模拟训练台,报告射击诸元报文;训练监控台训练人员下达发射射击口令;所属火箭炮炮长席位训练人员,拨发射方式至车内,打开保险锁,按击发按钮,进行火箭弹发射,待火箭弹发射完成后,报告射击结果和报告人员和弹药数量报文,接收上级下达机动撤离命令。

所属火箭炮操控员席位训练,操作所属火箭炮模拟训练台,完成自动收炮,进行转移阵地。

大屏幕投影显示三维视景,视景计算机将所属战炮分队操作过程中火箭炮调炮动态以及火箭弹发射、火箭弹弹道轨迹和火箭弹落点毁伤效果进行演示。

所属战炮分队火箭炮模拟训练台,将炮长席位炮长显示器模拟设备软件、操控员席位火控操作显示台模拟设备软件和维护员席位地面操作显示台模拟设备软件操作过程数据实时上报至火控主控软件。

火控主控软件完成数据筛选后将数据发送给训练监控台训练监控软件。

训练完成后,训练监控软件将训练记录信息发送给训练评估软件,训练评估软件完成成绩评定。教练员确定训练成绩并下发,通过所属分队火箭炮模拟训练台主控软件转发训练评估成绩,训练代理软件显示训练成绩。

8.4.4　战术组网训练

训练监控台受领上级演训系统(指挥车)下达的任务,组织炮班开展战术组网训练,训练流程同 8.3 节的阵地协同训练,两者的区别仅在于阵地协同训练由训练监控台发起训练,而战术组网训练由上级演训系统(指挥车)发起训练。战术组网训练操作流程如图 8-20 所示。

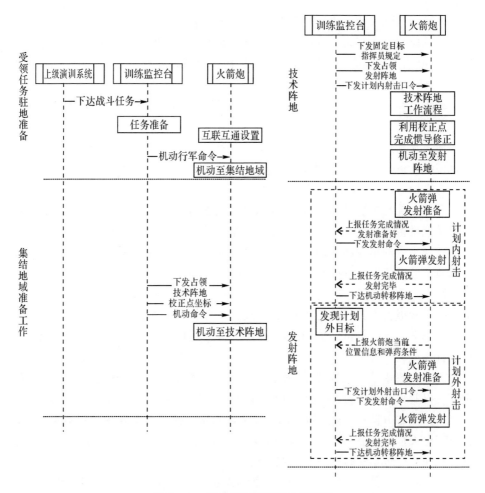

图 8-20　战术组网训练操作流程图

|8.5　模拟训练器具体操作流程|

8.5.1　使用前检查

（1）使用前检查训练监控台供电电缆、网线、投影仪、电力网络影音传输器（接收器）设备线缆，应连接好（见图 8 - 21）。

警告

机柜供电电缆连接220 V市电状态下，严禁打开机柜后盖触碰内部设备及线缆！

图 8 - 21　使用前检查

（2）确认机柜电源插座打开，电源指示灯已点亮。

（3）开启训练监控台的 UPS 电源，按开/关机键 1 s 以上即可开机，开机成功 UPS 会发出一声鸣叫，此时市电指示灯与逆变指示灯会亮，负载指示灯会根据所接的负载容量大小点亮。如图 8 - 22 所示为 UPS 电源操作显示面板。

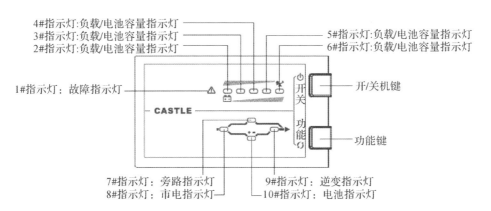

图 8 - 22　UPS 电源操作显示面板

8.5.2 基本操作

1.开机

用钥匙打开监控计算机的小门,按下监控计算机的[电源]开关,监控计算机上电指示灯亮。视景演示软件 StartTast.exe、训练软件 XhMnxlq.exe 自动运行,显示训练软件用户登录界面(见图 8 - 23)。

注意!

严禁进入操作系统桌面状态进行文件操作, 由此可能造成系统瘫痪!(可对桌面的视景演示软件StartTast.exe、训练软件XhMnxlq.exe 执行双击打开操作和任务栏应用程序执行右键关闭操作)

图 8 - 23　开机注意事项

2.用户登录

用户分为两类:管理员和普通用户。普通用户需要管理员开放权限才能使用。

(1)管理员操作。在用户登录界面中(见图 8 - 24),用键盘输入管理员用户名:admin,初始密码:123456,登陆教员管理界面可修改管理员密码,单击【添加教员】之后录入待开放权限的教员用户名和密码,单击【删除教员】可删去教员,单击【保存】后关闭窗口退出,重新打开桌面 XhMnxlq.exe,以后就可以使用已经录入的教员信息登陆训练软件。

(2)普通用户操作。在用户登录界面中(见图 8 - 24),用键盘输入教员用户名和密码,选择登录模式,单击【登录】键,进入主界面如图 8 - 25 所示。若用户名或密码输入错误,提示[用户名密码错误],请操作者确认好正确的身份信息后重新登录。

主界面包括"设备管理""训练实施""结果统计""过程记录""试题拟制"和"系统管理"六个功能模块,用鼠标单击进行分界面选择,即可进入相应功能子界面。单击右上角"关闭"按钮即可退出训练软件(见图 8 - 26)。

图 8-24 登录界面

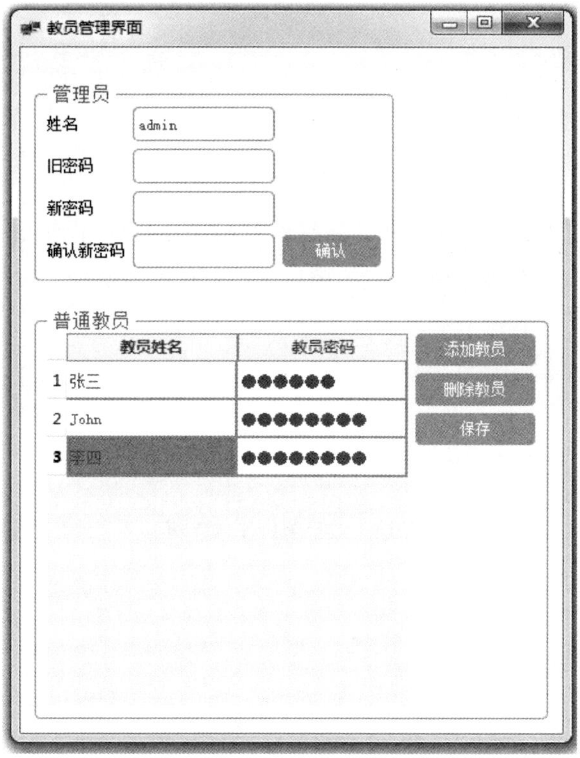

图 8-25 教员管理界面

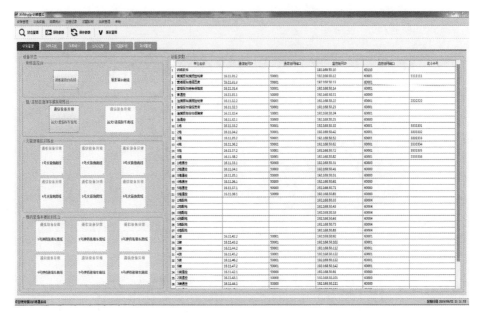

图 8 - 26　主界面

3.关机

先手动关闭视景演示软件和训练软件返回 Windows 桌面,选择"关机"命令,自动退出 Windows 操作系统,手动关闭视景投影仪电源键(见图 8 - 27)。

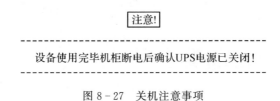

注意!

设备使用完毕机柜断电后确认UPS电源已关闭!

图 8 - 27　关机注意事项

8.5.3　设备管理

在主界面,默认显示"设备管理"分界面,单击【状态查询】查看设备在线状态,每个参训单位在线状态包括通信设备和终端设备的在线状态,执行一次【状态查询】可显示当前各参训单位的在线状态,同时在视景演示软件处于监听状态时可激活视景演示软件运行(见图 8 - 28),激活之后出现视景演示软件启动进度如图 8 - 29所示,等待视景演示软件启动完毕(见图 8 - 30)单击[OK],进入视景演示软件主视窗如图 8 - 31 所示,此时视景演示软件状态由离线变为在线,将视景演示软件主视窗拖放至液晶显示器 1(上屏)投影显示;【获取参数】查看已规划的设备参数;【保存参数】可重新规划设备参数,各参训单位参数与规划参数保持一致;【版本查询】查看训练软件、模拟终端软件和智能配电软件的版本号。

图 8 - 28 视景演示软件监听状态

图 8 - 29 视景演示软件启动进度

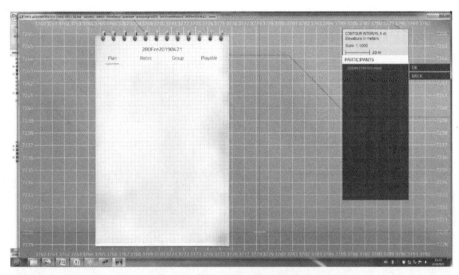

图 8 - 30　视景演示软件启动完毕

图 8 - 31　视景演示软件主视窗

8.5.4　训练实施

在主界面,选择"训练实施"进入训练实施分界面(见图 8 - 32)。

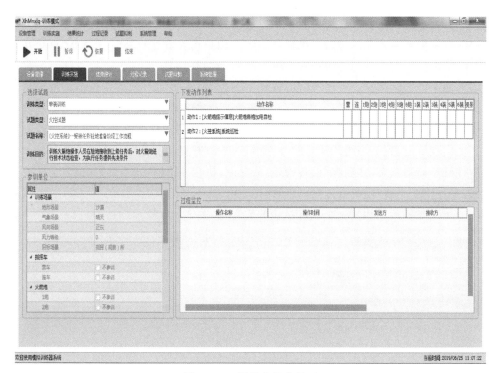

图 8 - 32　训练实施分界面

"训练实施"分界面如图 8 - 32 所示,主要功能有:

(1)选择试题:在"训练实施"分界面的左上角可选择不同的训练类型、试题类型以及试题名称,并可显示训练目的;在"训练实施"分界面的右上角可显示当前选中试题动作列表。

(2)选择参训单位:根据当前试题类型和训练目的,选择训练场景以及参训单位。在"设备管理"分界面执行一次【状态查询】后显示视景演示在线的前提下,且训练类型为协同训练模式才可以进行训练场景选择。参训单位仅能选择状态查询在线的单位,协同训练下火箭炮和装填车选择需要一一对应。

(3)训练过程控制:单击【开始】,系统将试题逐个动作发送至对应参训单位开始训练,并在"训练实施"分界面的左下角显示"开始训练…";如果需要暂停训练,用户选择单击【暂停】,如果需要恢复训练,用户选择单击【恢复】;所有试题执行完毕系统自动结束训练,用户也可以单击【结束】提前结束训练,此时将在"训练实施"分界面的左下角显示"结束训练"。

(4)训练过程监控:实时监控显示不同训练台的操作,记录操作名称、操作时间、发送方、接收方、操作结果、耗用时间等信息。

（5）视景演示同步显示：只有在状态查询后视景演示状态在线，且训练类型为协同训练模式时才可以进行三维视景演示。用户可在开始训练前选择好"训练场景"，单击【开始】之后视景演示软件将重新启动加载场景，系统等待视景演示软件启动完毕单击【OK】，进入视景演示软件主视窗，将视景演示软件主视窗拖放至液晶显示器1（上屏）投影显示。进入主视窗之后才能开始协同训练，视景演示模块负责训练过程的三维视景动画同步显示。执行一次协同训练之后，当需要再次执行协同训练时，先关闭视景演示软件，重新双击打开桌面StartTast.exe让视景演示软件处于监听状态，然后在"设备管理"分界面，执行一次【状态查询】让视景演示在线，参见上个小节"设备管理"分界面操作。

下面举例说明执行一个训练试题的流程，如图8-33所示。

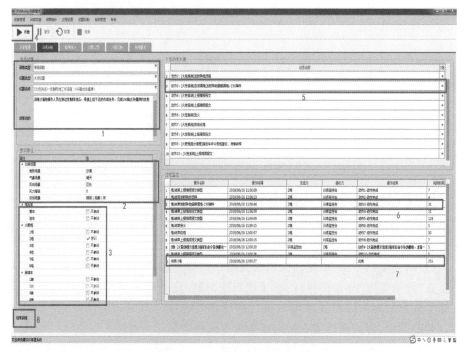

图8-33 执行训练实施操作流程

1）从训练实施分界面左上角选择试题。

2）选择训练场景（仅协同训练）。

3）在参训单位选项框中选择在线参训单位（单装训练只能选择一种参训单位；协同训练视具体训练目的可选择多个在线参训单位）。

4）选择试题完毕之后，单击"开始训练"按钮进入训练状态，此时在页面左下角显示"开始训练…",同时分界面将被冻结无法切换操作,仅开放开始训练、暂停训练、恢复训练和结束训练。当结束训练后分界面将重新恢复正常使用。

5)在界面右上角的下发动作列表呈现该试题的所有动作。

6)训练过程监控窗口同步更新监控状态:操作名称表示参训单位终端动作名称或者汇总训练成绩时各参训单位名称,操作时间表示参训单位终端执行动作的时间点,发送方表示这个动作的执行者,接收方表示监控的接收方训练监控台,操作结果记录这个动作执行情况或者汇总训练成绩时各参训单位的最终成绩等级,耗时时间表示当前步骤执行消耗时间。如果某个动作操作超时将提示"动作超时",操作错误将提示"动作操作错误";正常情况将显示"动作完成",如图 8 - 34所示。

7)训练结束之后,训练过程监控窗口呈现各参训单位的最终成绩等级,分数等级为不及格(0～59 分)、及格(60～75 分)、良好(76～89 分)和优秀(90～100分)。

8)最后,在页面左下角训练结果提示栏可以查看当前训练状态,分别为"开始训练…""暂停训练…""恢复训练…"和"结束训练"。

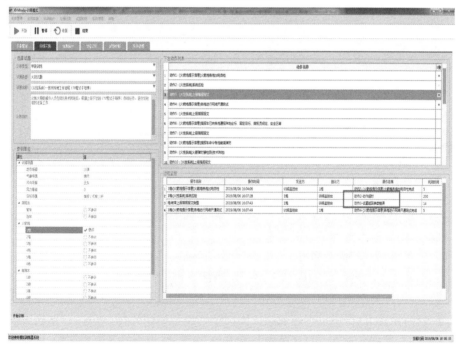

图 8 - 34　训练超时和错误

8.5.5　结果统计

单击"结果统计"分界面如图 8-35 所示,主要功能有:可以选择"训练类型"、角色 ID 或者训练时间中的任何一种方式进行训练结果的统计和训练成绩的查询。

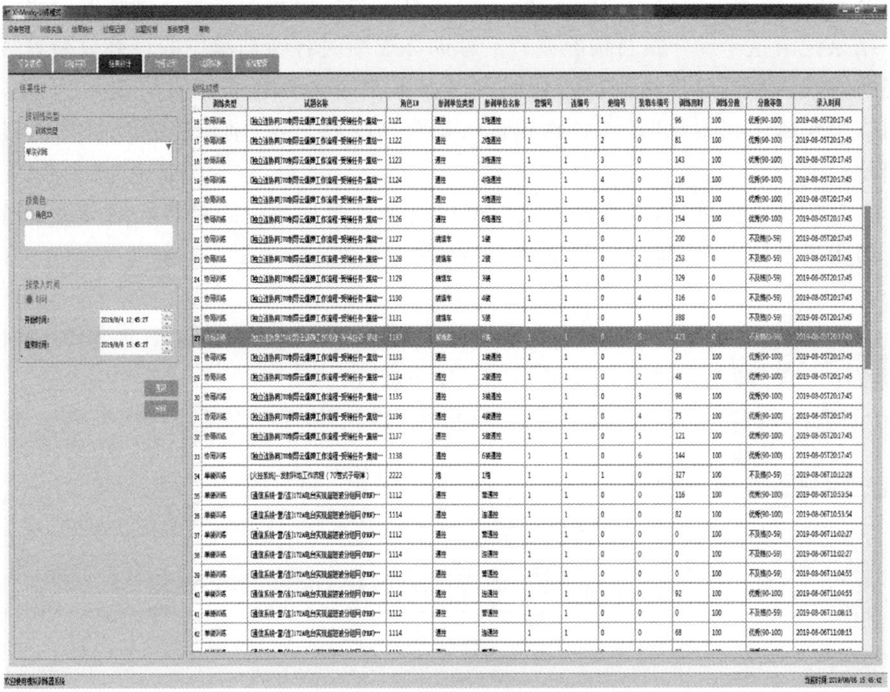

图 8-35　结果统计分界面

下面举例说明按时间查询方式的结果查询操作流程,如图 8-36 所示。

(1)单击"时间"单选按钮,在开始时间输入框中输入查询开始时间点,在结束时间输入框中输入查询结束时间点。

(2)单击"查询"按钮即可。

(3)在界面右侧的训练成绩表中显示当前查询结果:训练类型表示训练成绩所属何种训练类型,有单装训练和协同训练二种;试题名称表示该训练成绩所属的试题名称;角色 ID 表示该训练成绩产生的参训单位的角色编号(可在"系统管理"分界面的人员信息表查看对应关系);营编号、连编号、炮编号和装填车编号表示成绩所属装备编号,当前高亮行训练成绩表示隶属 6 号弹药装填车(一般地,协同训练时某个装备包含通信设备即通控成绩和终端设备成绩,例如 6 号弹药装填车会显示参训单位名称"6装通控"和"6装"两项成绩);训练用时表示该角色训练消耗时间;训练分数表示该角色训练成绩;分数等级表示该角色训练成绩等级,与训练分数——对应,分数等级为:不及格(0~59分)、及格(60~75分)、良好(76~89分)和优秀(90~100分);录入时间表示训练成绩产生的系统时间。

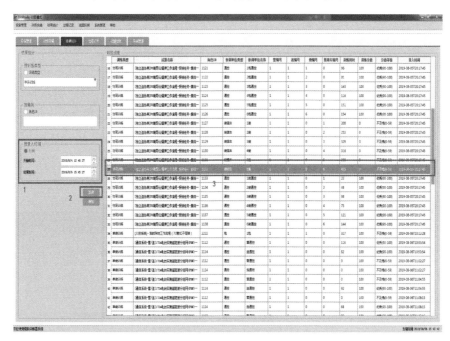

图8-36 结果查询操作流程

8.5.6 过程记录

单击"过程记录"分界面如图8-37所示,主要功能有:可以选择"训练类型"、训练时间中的任何一种方式进行训练过程记录的查询,可对查询结果按操作时间/发送方等方式升降序排序便于查阅。

下面举例说明按时间查询方式的过程记录查询操作流程,如图8-38所示。

(1)单击"时间"单选按钮,在开始时间输入框中输入查询开始时间点,在结束时间输入框中输入查询结束时间点。

(2)单击"查询"按钮即可。

(3)在界面右侧的过程监控历史表中显示当前查询结果:训练类型表示训练记录所属何种训练类型,有单装训练和协同训练两种;试题名称表示该训练试题名称;操作名称表示该操作的动作名称;操作时间记录动作执行时刻;发送方即动作执行者;接收方即报文接收端为训练监控台;操作结果表示当前动作执行情况;耗用时间表示该动作消耗时间;录入时间表示记录产生的系统时间。

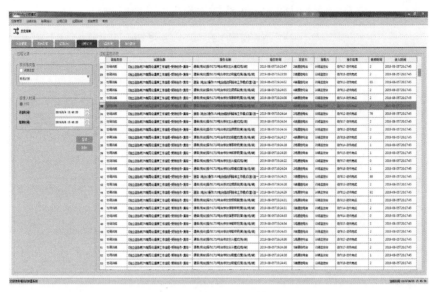

图 8-37　过程记录分界面

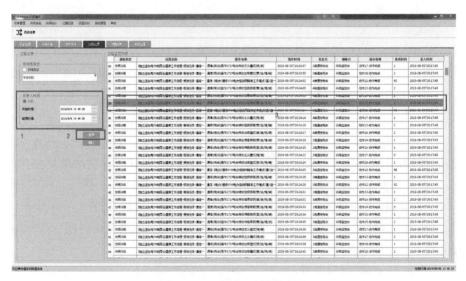

图 8-38　过程记录操作流程

8.5.7　试题拟制

单击"试题拟制"分界面如图 8 - 39 所示,主要功能有以下几方面。

1.新建试题流程

单击"新建试题",选择"训练类型"以及"动作类型",输入"试题名称"和"训练目的";通过在"动作属性"框选择动作以及动作参数完成动作设置,然后单击"添加动作",在"试题拟制－动作列表"中会显示已添加的动作信息;在"试题拟制－动作列表"中选中某动作单击"删除动作"可以从该试题中删去动作;单击"保存试题"将当前试题保存至数据库供后续训练实施使用。

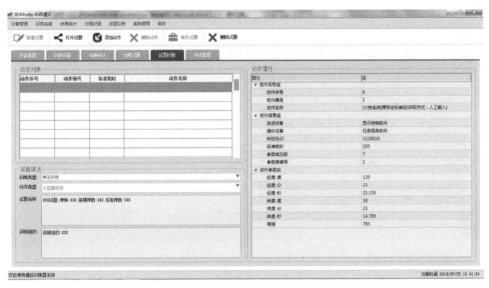

图 8 - 39　试题拟制分界面

下面举例说明新建一个训练试题的流程(见图 8 - 40)。

(1)单击"新建试题"按钮。

(2)选择"训练类型"下拉框。

(3)选择"动作类型"下拉框(当训练类型为协同训练时,动作类型默认为协同试题不可选)。

(4)在"试题名称"文本框中输入试题名称。

(5)在"训练目的"文本框写入详细的训练目的(建议包含该训练试题的重要参

数备忘)。

(6)从"动作名称"下拉框中选择动作。此时动作名称组显示动作序号、动作编号和动作名称;动作信息组(用户不必太在意)显示发送设备、接收设备、判定标识和标准耗时,如果该动作包含参数还显示参数域总数以及参数表编号。

(7)如果该动作包含参数则显示动作参数组,动作参数组供用户设置动作具体参数使用。

(8)单击"添加动作"按钮。

(9)动作添加之后则在动作列表中增加一行,动作序号表示该动作在当前试题中的位置,动作编号表示该动作在数据库中的编号,标准耗时表示该动作最大允许的参训人员操作时间,一旦超过该时间则判定该动作训练超时,动作名称表示该动作的名称。

(10)如果用户需要删除已添加的某一动作,可以选中某行再单击"删除动作"按钮,动作序号会自动更新。

(11)最后,单击"保存试题"按钮系统会将当前试题保存至数据库试题表中供后续训练实施使用。

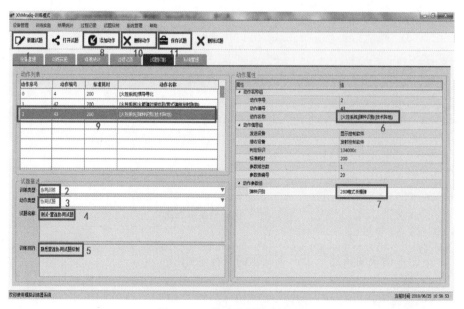

图 8-40 新建试题操作流程

2.打开试题流程

单击"打开试题",系统会跳出"打开试题"对话框如图 8-41 所示,供用户选择

"训练类型""试题类型"以及"试题名称",然后单击"打开"后在"试题拟制—动作列表"中会显示选中试题的所有动作信息,用户可以修改该试题动作信息后重新保存试题。

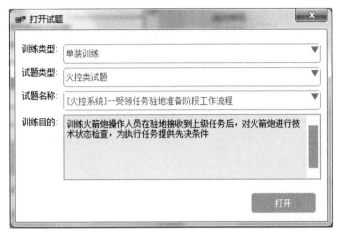

图 8-41 打开试题界面

8.5.8 系统管理

单击"系统管理"分界面如图 8-42 所示,主要功能有以下几方面。

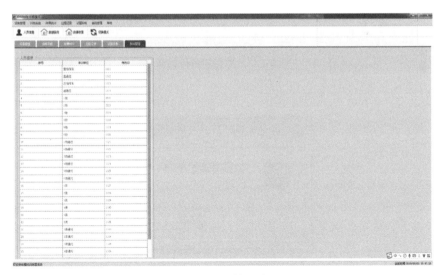

图 8-42 系统管理分界面

1.数据库操作

单击"数据备份"按钮跳出数据库备份对话框,默认保存文件名为当前系统时间,视具体情况可修改,后缀名为"＊.sql",单击保存完成数据库备份(见图8-43)。如果备份成功则跳出对话框如图8-44所示。单击"数据恢复"按钮跳出数据库恢复对话框(见图8-45),选择后缀名为"＊.sql"的相应数据库文件,单击打开完成数据库恢复。如果恢复成功则跳出对话框如图8-46所示。

图8-43　数据库备份界面

图8-44　数据库备份成功界面

图 8-45　数据库恢复界面

图 8-46　数据库恢复成功界面

2.单击"人员信息"按钮进行各参训单位人员信息录入和维护

在图 8-47 所示人员信息表中第三列角色 ID 可以录入各参训单位角色 ID，表示后续训练实施的训练成绩归属。训练实施阶段系统将根据各参训单位当前角色 ID 考评成绩，在结果统计分界面中可以查询该角色 ID 的成绩。

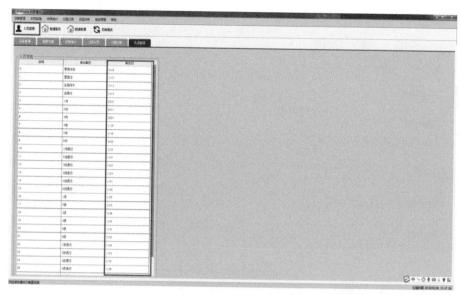

图 8-47　人员信息表

　　单击"切换模式"按钮直接切换训练的模式。默认"训练模式",在参训人员熟悉操作之后,可切入"考核模式"。两种模式区别在于:训练模式训练全程有动作提示信息,考核模式除了必要的系统提示信息、阵地切换信息以及通控组网参数信息之外,不显示其他动作提示信息。

8.5.9　考核测评

1.考核测评流程

训练监控台考核测评流程如图 8-48 所示,以协同训练题为例。

2.考核科目设置

指挥流程训练题数量 60 道(其中协同训练题 26 道,单装题 34 道);通信操作训练题数量 40 道;火箭炮操作训练题数量 30 道;装填车操作训练题数量 53 道。

3.评分原则

在参训单位训练过程中自动打分,并在训练实施分界面的过程监控列表的最后显示各参训角色的成绩,还可在结果统计分界面查询历史训练成绩。

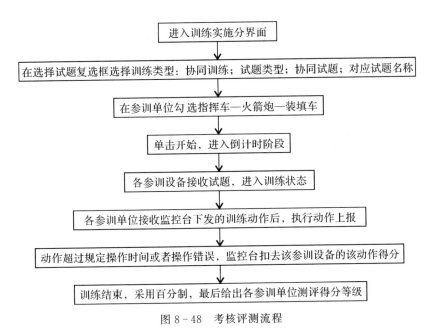

图 8-48 考核评测流程

评分原则:按照动作执行正确率评分,动作超过规定操作时间或者操作错误, 扣去该动作得分,动作得分采用平均算法。例如:1 炮有 10 个动作需要完成,按照 百分制,每个动作得分 100 分/10=10 分,错误或者超时 3 个动作,最后得分为 70 分,即及格。分数等级:90~100 分——优秀;76~89 分——良好;60~75 分—— 及格;0~59 分——不及格。

第 9 章

现代制导火箭火控系统工程实践

|9.1　火控系统基本操作|

9.1.1　火控系统上电操作

火箭炮供电可采用底盘供电与外接电源供电两种模式。

当采用底盘供电时,打开底盘总电源开关;打开智能配电箱面板总电源开关,此时总电源指示灯亮,底盘指示灯亮;发动底盘,使底盘发动机处于怠速工作状态,观察仪表盘上的气压表,当指示值达到 0.7 MPa 时挂上取力器,逐渐加大油门使发动机转速稳定在 1 800 r/min 左右;智能配电箱车载发电机指示灯亮。

当采用外接电源供电时,将外接电源的输入电缆连接市电;将输出电缆接入火箭炮对应的插座中;打开底盘总电源开关,2 炮手合上外接电源后面板上的空气开关,风扇向外排风,此时电源指示灯亮,调整电压至 28 V;打开智能配电箱面板总电源开关,此时总电源指示灯亮,外接电源指示灯亮。

在配电箱正常给火控系统供电后,操作配电箱配电开关,给火控系统各路单体供电。观察配电箱指示灯发现配电状态正常。在火控界面执行单体自检操作,发现各单体自检结果均正常,则火控系统上电正常。

9.1.2 火控系统调试

火控系统安装完成后,根据电缆连接图检查火控系统各单体之间的电缆连接是否正确,并将智能配电箱上的所有开关、按钮和按键保持在断开位置。准备完成后,按照下面步骤进行调试。

1.电压显示

打开智能配电箱上的总电源开关、配电 1 的开关,并打开操控显示台 11 电源开关;在终端软件界面中点击"系统管理",进入系统管理页面,点击"系统巡检",右侧页面显示当前各单体的配电状态,此时观察页面中电源电压的显示。电源电压应在 22~32 V 范围内,若超出以上范围,智能配电箱应进行过、欠压报警和保护,同时需要检查炮车供电电源。

2.电源开关

依次操作智能配电箱上的"开+配电"选动按键和炮长显示台、操控显示台 1、操控显示台 2、火箭炮控制箱、车载惯导装置、北斗一体机、安全连锁箱、通信控制器、电台、发射控制箱的电源开关,各单体及智能配电箱上相应的电源指示灯应点亮且显示为绿色,炮长显示台、操控显示台 1 等应显示终端软件界面,否则需要检查智能配电箱与各单体之间的电缆连接是否正确。

3.自检调试

在炮长显示台软件界面下点击"系统管理",再点击"系统巡检",火控系统各单体进行通信自检,并返回通信自检结果;若自检正常,则系统巡检列表中相应单体的状态提示为绿色"正常",则系统间各单体通信正常;若存在单体自检结果为"异常"或"超时",先检查电源及通信电缆是否连接正确,电源是否打开,保险丝是否安装或已熔断。

4.炮车接口调试

在炮长显示台软件界面下点击进入"调炮控制",再点击"单步"按钮,在智能配电箱上显示当前状态为"自动"时,执行传动启动/停止、固定器解脱/锁紧、千斤顶放列/收起、55 芯插接/脱开的操作;若调炮控制界面相应的状态显示为绿色或红色,则说明火控系统与炮车接口正常,否则要检查电源及通信电缆是否正确连接,安全连锁箱、高低方位驱动器、高低方位传感器是否正常上电,目前是否处于自动状态。

5.惯性定位定向导航接口检查

在车载惯导装置自检正常的条件下,点击终端软件界面上"卫星导航"页面,可查看车载惯导的状态;若车载惯导状态为"启动中",则等待车载惯导状态变换为"启动完毕",此时可根据卫星定位或人工输入当前的经度、纬度、高程坐标值,点击"寻北"按钮,使车载惯导进行寻北操作;5 min后终端软件界面的卫星导航页面上显示"导航中",此时车载惯导寻北结束,点击页面中"查看结果"按钮,可查看惯导的寻北结果。

6.通信功能

按照操作使用说明操作通信网络控制设备和超短波电台,用通信网络控制设备上的手柄与指挥系统终端进行有线/无线通话,话音应清晰完整;炮长显示台与指挥系统通过有线和无线方式互相收发通信报文,收发的报文应正确,则通信系统工作正常。

7.发控系统调试

任意选定某一发弹,进行对接检测、弹种识别、弹载计算机自检、弹上设备自检、引信模式装定、一次对时、卫星星历参数装定、二次对时、控制系统参数装定、弹载惯导初始参数装定、传递对准、查询对准结果、热电池及发动机回路检测、导航回复、末次对时等发射控制流程,流程结果应正确并发射成功。

8.误差修正

车载惯导在使用前,应在操控显示台2参数设置中校正惯导安装误差系数。传感器在安装后应在操控显示台2校正传感器误差系数。

如以上测试均正常,则火控系统调试完毕,依次关闭炮长显示台、操控显示台1、操控显示台2、火箭炮控制箱、车载惯导装置、北斗一体机、安全连锁箱、通信控制器、电台和发射控制箱等单体,最后关闭智能配电箱上的总电源开关。

9.1.3　惯导使用操作

惯导安装在火箭炮起落架上,指示真北方向。车载惯导装置为光纤陀螺捷联式惯性定位定向导航系统,由惯性测量装置、高程计和速率计组成。车载惯导装置能够在晃动基座下和车辆行进过程中快速自主寻北,在火控调炮时,实时输出射角与射向信息,并协助弹载惯导完成传递对准。能够在自主导航状态下实时输出车辆的方位角、姿态角以及位置信息(经纬度、高程、里程等),也可以与卫星定位导航装置进行组合导航,实时提供高精度的车辆定位信息。

系统的工作流程为:加电启动 → 寻北 → 导航解算 → 信息输出。

1.加电启动

车载惯导装置使用车载+26 V直流电源,系统上电后,能够进行整机自检,确保惯性传感器工作正常,1 min内系统自动完成工作准备。

2.寻北

车载惯导装置接收火控系统装订的位置信息和对准命令。当收到对准命令时,车载惯导装置自动判定车辆的状态进行行进间对准或者晃动基座对准。

当判定为需要晃动基座对准时,惯性定位定向导航装置采集陀螺和加速度计所测量的地球自转角速度分量、重力加速度分量,以惯性坐标系为参考坐标系,在惯性坐标系中测量出载体的角运动和线运动历程,以及重力加速度的方向变化情况,精确估算出载体坐标系相对地理坐标系的初始姿态矩阵,完成方位和姿态的解算。系统5 min内自动完成初始对准。

当判定为需要行进间对准时,则调用行进间对准程序,利用里程计脉冲信号和扩展静态抗晃动对准模型进行行进间对准。系统在15 min内完成对准。

3.导航解算

系统寻北结束后自动进入导航状态,通过陀螺和加速度计,测量车辆的三维运动角速度和线加速度,实时捷联解算车辆的方位、姿态以及位置坐标,完成自主惯性定位导航。同时,读取里程计信号,如果卫星信号有效,车辆的定位通过捷联惯导与卫星信息、速率计组合,由卡尔曼滤波估计出捷联惯导的输出误差,并不断修正以提高定位精度。

4.信息输出

系统进入导航后,实时发送火炮的位置、方位与姿态角(俯仰角和倾斜角)信息。智能配电箱具有对全炮电气设备进行配电管理的功能、对配电支路进行监控和保护的功能、电源系统监测的功能。

9.1.4　火控系统调炮操作

自动操瞄调炮分两种：随动调炮与操瞄调炮。随动调炮时，当前诸元由传感器给出，诸元信息采用车体坐标系，在操瞄调炮时，当前诸元由惯导给出，诸元信息采用大地坐标系，在实际发射过程中，弹道解算计算出的目标诸元信息参考系为大地坐标系，故发射流程中调炮操作一般采用操瞄调炮。

火控系统上电后，火箭炮接通外电或挂曲力为调炮提供动力。火箭炮调炮分为以下几步：

（1）输入目标诸元。要输入本次调炮的目标诸元信息。当采用随动调炮时，目标诸元为调炮目标相对于车体坐标系的诸元信息；当采用操瞄调炮时，目标诸元为调炮目标相对于大地坐标系的诸元信息。

（2）解脱行军固定器。为了防止行军颠簸使起落架产生形变，火箭炮在行军过程中需要锁紧行军固定器。在调炮前需要解脱行军固定器。

（3）启动传动。火箭炮需要传动提供调炮动力，实现调炮操作。

（4）开始调炮。在火控人机交互界面点击"开始调炮"按钮发送开始调炮命令，炮管向目标诸元运动。

（5）停止调炮。当火箭炮调炮到位时，火箭炮自动停止调炮。当火箭炮调炮过程中，需要手动停止调炮操作时，可以在火控人机交互界面点击"停止调炮"按钮，停止调炮动作。

9.1.5　电台使用操作

电台可提供点对点数据通信和分组模式数据通信，不同网络模式下提供的数据通信模式各不相同。

1.CNR 模式下数据通信

（1）定频数据通信。在进行 CNR 模式下定频数据通信前，须确认以下状态：

1）电台与数据终端已通过串口数据线可靠连接上；

2）数据终端打开，进入操作界面；

3）通信双方网络模式（CNR）和工作方式（定频）均相同；

4）通信双方频率相同；

5）通信双方保密类型相同，若设为开，则密钥必须相同；

6)通信双方均已进入同步入网状态；

7)发送方功率状态不为"值守"；

8)天线正确安装；

9)电源(电池)电压符合要求。

确认以上参数、状态以及连接正确后，即可进行定频数据通信。数据通信的通信速率可在面板中进行设置，或在数据终端上进行设置。

(2)跳频数据通信。在进行 CNR 模式下跳频数据通信前，须确认以下状态：

1)电台与数据终端已通过串口数据线可靠连接上；

2)数据终端打开，进入操作界面；

3)通信双方网络模式(CNR)和工作方式(跳频)均相同；

4)通信双方信息密钥号、传输密钥号、频率表号和网号相同；

5)保密类型相同；

6)通信双方均已进入同步入网状态；

7)发送方功率状态不为"值守"；

8)天线正确安装；

9)电源(电池)电压符合要求。

确认以上参数、状态以及连接正确后，即可进行跳频数据通信。数据通信的通信速率可在面板中进行设置，或在数据终端上进行设置。

2.PRN 模式下数据通信

(1)定频数据通信。在进行 PRN 模式下定频数据通信前，须确认以下状态：

1)电台与数据终端已通过串口数据线可靠连接上；

2)数据终端打开，进入操作界面；

3)通信双方网络模式(PRN)和工作方式(定频)均相同；

4)通信双方频率相同；

5)通信双方保密类型相同，若设为开则密钥必须相同；

6)通信双方均已进入同步入网状态；

7)发送方功率状态不为"值守"；

8)天线正确安装；

9)电源(电池)电压符合要求。

确认以上参数、状态以及连接正确后，即可进行定频数据通信。数据通信的通信速率可在面板中进行设置，或在数据终端上进行设置。

(2)跳频数据通信。在进行 PRN 模式下跳频数据通信前，须确认以下状态：

1)电台与数据终端已通过串口数据线可靠连接上;

2)数据终端打开,进入操作界面;

3)通信双方网络模式(PRN)和工作方式(跳频)均相同;

4)通信双方信息密钥号、传输密钥号、频率表号、网号相同;

5)保密类型相同;

6)通信双方均已进入同步入网状态;

7)发送方功率状态不为"值守";

8)天线正确安装;

9)电源(电池)电压符合要求。

确认以上参数、状态以及连接正确后,即可进行跳频数据通信。数据通信的通信速率可在面板中进行设置,或在数据终端上进行设置。

3.LINK 模式下数据通信

(1)定频数据通信。在进行 LINK 模式下定频数据通信前,须确认以下状态:

1)电台与数据终端已通过串口数据线可靠连接上;

2)数据终端打开,进入操作界面;

3)通信双方网络模式(LINK)和工作方式(定频)均相同;

4)通信双方频率相同;

5)通信双方保密类型相同,若设为开则密钥必须相同;

6)通信双方均已进入同步入网状态;

7)发送方功率状态不为"值守";

8)天线正确安装;

9)电源(电池)电压符合要求。

确认以上参数、状态以及连接正确后,即可进行定频数据通信。数据通信的通信速率可在面板中进行设置,或在数据终端上进行设置。

(2)跳频数据通信。在进行 LINK 模式下跳频数据通信前,须确认以下状态:

1)电台与数据终端已通过串口数据线可靠连接上;

2)数据终端打开,进入操作界面;

3)通信双方网络模式(LINK)和工作方式(跳频)均相同;

4)通信双方信息密钥号、传输密钥号、频率表号、网号相同;

5)保密类型相同;

6)通信双方均已进入同步入网状态;

7)发送方功率状态不为"值守";

8)天线正确安装;

9)电源(电池)电压符合要求。

确认以上参数、状态以及连接正确后,即可进行跳频数据通信。数据通信的通信速率可在面板中进行设置,或在数据终端上进行设置。

4.兼容模式下数据通信

(1)定密、跳明、跳密下的数据通信。在进行数据通信前,须确认以下控制状态:

1)电台与数据终端已通过串口数据线可靠连接上;

2)数据终端打开,进入操作界面;

3)选择的电台类型应正确;

4)通信双方网络模式和工作方式都相同;

5)跳频频率表号和网号应相同;

6)主属台的设置中,同等级网中只应有一部电台,其他均为属台;

7)密钥号应相同;

8)"内密/外密"配置相同;

9)关于时间的设置中,年、月、日、小时、分钟、秒的最大允许时差应不大于5 min,但时差大会降低首次同步概率,例如,两电台的年份、月份、日期均设置相同的情况下,一方电台小时和分钟设为 20 点 30 分,则另一方电台的小时和分钟应设在 20 点 25 分至 20 点 35 分之间;

10)电台应为非值守状态;

11)天线正确安装,电源电压符合要求。

确认以上参数、状态以及连接正确后,即可进行数据通信。数据通信的通信速率可在面板菜单中进行设置,或在数据终端上进行设置。

(2)低速数据通信。在进行低速数据通信前,须确认以下控制状态:

1)电台与数据终端已通过串口数据线可靠连接上;

2)数据终端打开,进入操作界面;

3)通信双方网络模式为兼容模式,工作模式均为低速;

4)双方电台的工作频率相同;

5)双方电台都工作在非值守状态;

6)天线正确安装,电源电压符合要求。

发方在发送报文框内输入要发送的内容。

9.1.6　通控使用操作

1.无线接口参数设置

在"设备"菜单下的"端口管理"中有"IP 口信息"。选择"1.无线接口 1"选项，可进行接口参数查询、MTU 设置、接口参数设置和协议绑定设置。

2.速率与主从设置

在"信道"菜单下对速率和主从进行设置。

3.IP 与掩码设置

选择终端连接管理选项，界面会显示终端连接的当前方式，此菜单项表示应用报文数据将从哪个端口送给计算机，默认为网口。在网口管理目录下可设置 IP 和掩码。

9.2　火控系统发射流程

9.2.1　技术阵地准备

技术阵地为武器装备装填准备的阵地，火箭炮在技术阵地主要进行脱炮衣、技术阵地检查、火箭弹装填和战斗准备等操作。

1.脱炮衣

(1)解开车尾炮衣系绳，利用架好的梯子将炮衣掀至上方；
(2)由后向前折叠炮衣后对中折叠，将炮衣放在炮车中工具箱内。

2.技术阵地检查

(1)清除火箭炮发射装置外表的灰尘；
(2)仔细擦拭定向管，管内不得涂油且不得残留任何物屑；
(3)检查火箭炮发射装置各部件的连接紧固情况；
(4)检查液压系统、气动系统是否有泄漏现象，如有，应予排除；

（5）检查高低平衡机中的氮气气压，应在规定值范围内；

（6）检查千斤顶、底架固定器工作情况；

（7）检查火控系统、定位定向系统、通信系统的工作情况以及手动、半自动、自动调炮情况；

（8）检查电源电压、回路电阻对地绝缘电阻，并确认发火电路正常。

完成上述技术勤务工作并确认火箭炮工作正常后，方可进行火箭弹装填工作。

3.火箭弹装填

将火箭弹由运输车装填至火箭炮，装填过程中注意炮车不能给弹上加电且闭锁挡弹须确保处于锁紧状态。

装填结束后，因为所装填弹药引起起落架形变，所以装填结束后需要重新对惯导进行寻北。

4.战斗准备

（1）系统巡检。火控系统在操控台对火控系统全部单体进行系统巡检操作，并显示自检结果。若自检结果正确，则进入后续流程步骤；若自检结果错误，需查明故障原因，并重新进行系统巡检。

（2）惯导寻北。系统自检正常后，点击"下页"按钮可进入技术阵地惯导寻北界面。

车载惯导装置共有"启动中""启动完毕""寻北中""导航中"四个状态，惯导处于"导航中"状态时，才能进行技术阵地的下一步操作，因而需要对惯导进行寻北操作。

车载惯导装置上电后，进入"启动中"状态，共需要 5 min 左右完成启动，状态转换为"启动完毕"。

惯导启动完毕后，显示当前状态为"启动完毕"后，可通过上述界面中的获取方式输入框操作，选择惯导初始参数来源的方式，包括卫星、人工输入和上级下达。获取方式为卫星时，由火控系统北斗一体机提供经纬度和高度；获取方式为人工输入时，需要在输入框中人工输入经纬度和高度；获取方式为上级下达时，由上级下达当前的惯导初始参数来源。

点击"参数装定"按钮，界面下方的"提示信息"给出提示："装定参数成功"。

点击"惯导寻北"按钮，惯导进入寻北中的状态，惯导状态显示为"寻北中"。

寻北完成后，惯导进入导航状态，输出当前定位定向导航信息，并在操控终端界面显示。

（3）火箭弹选择。惯导寻北完成进入导航状态后，即可进行下一步，按下 F4 "下页"按钮进入火箭弹选择界面，并自动执行一次对接检测操作。

对接检测完成后，点击对接检测结果界面上的 F2"弹种识别"按钮，对当前的箱型、弹种及引信进行识别。

弹种识别需要 1～3 min 的时间，识别完成后，识别结果在界面中显示。

弹种识别完成后，即可进行火箭弹选择，可在炮长操控显示台的键盘上按下数字键进行火箭弹的弹号选择。

（4）技术阵地流程。火箭弹选择完成后，即可进行技术阵地流程的操作。点击界面按钮，进入技术阵地流程操作。火控系统给弹上设备上电，并对其执行自检操作。

（5）弹道参数输入。技术阵地流程结束后进入弹道参数的输入界面，根据界面提示信息输入当前炮车位置信息、目标坐标、气象条件等信息，为发射阵地弹道解算做准备。

弹道参数输入结束后，技术阵地准备完成，等待上级命令向发射阵地开进。

9.2.2　行军开进

在火控系统人机交互界面中打开行军导航界面，司机依照界面指示路线向目标点驾驶行进。

1.行军时应注意的问题

（1）驾驶员驾驶火箭炮行军时，应遵守交通规则并避免超火箭炮的行驶性能超指标驾驶，以免发生交通事故和装备损毁事故；

（2）驾驶员驾驶火箭炮行驶时，应密切注意火箭炮的行驶状态，发现异常情况时应及时停车排除。

2.行军途中休息时的技术勤务

行军途中休息时应注意：
（1）遇有雷雨天气，不应将车停在大树和高层建筑物附近，以免遭受雷击；
（2）行军途中休息时的技术勤务工作内容如下：
1）检查行军固定器，不应松动；
2）检查液压管路、气路不应有泄漏；
3）检查底盘发动机和传动系统，其不应有松动、漏油和过热现象；
4）检查轮胎气压，必要时进行充气；

5）检查行走部分各机件的紧固情况；

6）检查各独立悬挂装置的工作情况；

7）检查燃油消耗情况，视需要进行添加；

8）检查过程中，发现故障应及时排除，以避免装备损坏和事故发生。

3.行军后的技术勤务

行军结束后应对火箭炮进行例行保养，将行军里程（km）、行军过程中发生的故障及处理情况填入火箭炮履历书。

9.2.3　发射阵地准备

1.发射阵地状态确认

进入发射阵地后，通过浏览操控终端界面对火控系统当前状态进行确认。状态无误，确定进入发射阵地时，在火控系统界面进行相关操作，按下发射开始按钮，进行申请星历和弹道解算。星历申请完毕后，页面自动跳转至发射阵地流程界面，执行发射阵地流程步骤。

2.发射阵地流程

开始发射阵地准备流程时，火控系统将弹道解算参数与当前炮车参数信息发送给弹上，弹上返回参数装定结果。

3.开始调炮

发射阵地流程执行至传递对准步骤时，弹出调炮界面，此时须根据弹道解算获得的射角与射向信息进行调炮操作。

4.发射阵地准备结束

发射阵地流程在回路检测执行完毕之后，发射阵地流程即准备结束，此时计时为零，且给出提示："打开保险锁，按下发射按钮"。

9.2.4　发射

选择并确认发射方式，打开保险锁，然后按照发射阵地准备完毕的界面提示，当发射方式提示"车内"时,在炮长操控显示台面板上打开保险锁,按下发射按钮;当发射方式提示"车外"时,在车外发射装置上打开保险锁,按下发射按钮。

按下发射按钮后,发射阵地开始执行回路检测之后的后续发射流程,直至完成发射。发射完成后依照界面提示关闭保险锁。

9.2.5　转移和撤出

发射流程结束后,在火控系统人机交互界面进行操作执行"自动收炮"命令,执行以下操作:启动传动、收炮至零位、锁紧固定器、收起千斤顶、停止传动。自动收炮结束后,炮车处于可以行军状态,驾驶员根据上级下达命令撤离或转移至相应地点。

|9.3　火指控一体化流程|

火箭武器装备作为火力打击的拳头,在指挥系统领导下确定打击目标,完成打击任务。本节介绍典型火箭武器系统的火指控一体化作战流程。

典型的火箭武器系统或指控一体化流程主要包括:受领任务、驻地准备;行军输送;集结地域准备;技术阵地准备;开进;发射阵地准备与发射流程;转移和撤出等 7 个阶段。

9.3.1　受领任务、驻地准备

受领任务、驻地准备阶段,火箭炮将按以下流程完成工作内容(见图 9 - 1)。

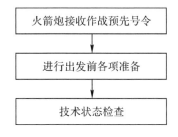

图 9 - 1　受领任务、驻地准备阶段流程示意图

1.火箭炮接受作战预先号令

火箭武器系统一般在驻地接受上级下达的作战预先号令。火箭炮在武器系统编成内,炮长接收上级作战预先号令,并由炮长带领全班人员完成相关工作。

2.进行出发前各项准备

(1)作战准备:学习移动(行军、输送)计划、物资保障计划、技术保障计划的预案、拟定侦察、通信、政工等各项保障的指示;停止休假,召回外出人员,控制人员流动;严格保密、保安、保卫措施;掌握了解情况,适时向上级报告情况、反馈信息。

(2)行军(或输送)准备:检查车辆,进一步维护修理;补充油料、零备件、工具;领取被服、口粮、伪装器材及行军(输送)所需其他物资;检查武器、装备、装具并补充配套;研究行军路线。

(3)技术准备:根据本炮任务确定弹体数量、弹种比例;配合技术室对火箭弹进行单元测试;检查部件、组件、零件、备件、附件、文件齐全,完成一系列技术勤务作业,对本炮各种设备进行一次全面检查,进行维修及补充,务必齐套,并准备足够的备附件。

3.火箭炮技术状态检查

(1)清除火箭炮灰尘。

(2)目视检查火箭炮炮车执行机构相关部件是否紧固无异常。

(3)目视检查液压系统是否有渗漏。

(4)在驾驶室仪表盘上检查气动系统压力是否正常。

(5)检查千斤顶、底架固定器的工作情况。

(6)检查半自动操纵装置锁紧解脱运发箱、千斤顶放列撤收、半自动调炮是否无异常。

(7)检查人机交互系统的工作情况以及自动调炮情况。

(8)通过压力表检查高低平衡机中氮气气压,应在规定值(7.2±0.3)MPa范围内。

(9)确认底盘是否能够正常启动,仪表是否无异常指示。

9.3.2　行军输送

出发之前1~2天内,上级向下达向战区移动的命令或指示。火箭炮向战区移动。在实施移动之前,接受上级"输送指示"及"行军指示"。

按规定日期进入集结地域,隐蔽待命,检查人员、武器装备等,并做好战斗准备,当情况紧急时,可根据上级号令,由输送终点直接实施开进,展开占领各阵地及作战地域。

9.3.3 集结地域准备

集结地域准备阶段,现代制导火箭将按图9-2流程完成工作内容。

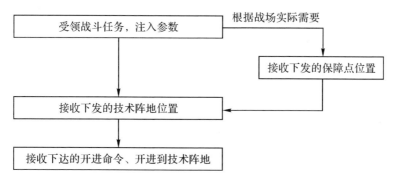

图9-2 集结地域准备阶段流程示意图

1.受领战斗任务

炮长接收上级指挥车下达的战斗任务,协助指挥车人员完成通信参数注入。

2.接收下发的保障点位置

根据战场实际需要,炮长接收上级指挥车下达的保障点位置,炮长根据保障点位置规划行军路线,炮手3根据行军路线开进到保障点位置。

3.接收下发的技术阵地位置

炮长接收上级指挥车下达的技术阵地位置,炮长根据保障点位置规划行军路线。

4.接收下达的开进命令,开进到技术阵地

炮长接收上级指挥车下达的开进命令,炮手3根据规划好的行军路线开进技术阵地。一般情况下,在开进过程中要求保持无线电静默。

9.3.4 技术阵地准备

技术阵地准备如图 9-3 所示。

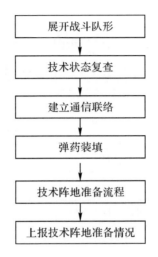

图 9-3 技术阵地准备阶段流程示意图

1.展开战斗队形

炮长根据上级要求,指挥炮手 3 将火箭炮开进到指定位置。

2.火箭炮技术状态复查

火箭炮在技术阵地再次进行技术状态检查。

3.建立通信联络

炮长与上级指挥车进行沟通联络,按要求可建立无线组网、有线组网以及有、无线混合组网的通信方式,并通过通信参数加注完成组网开通。

炮长与指挥车的通信联络应按事先的通信计划和规定时间沟通、待机和守机,并按要求指挥炮手 1 定时接收预先口令和预先信息,为阵地的快速发射做好准备。

4.弹药装填

5.技术阵地准备流程

炮长接收连指挥车下达的射击口令,执行技术阵地准备流程,详见 9.2.1。

9.3.5 开进

炮长使用收到的机动命令等指挥报文,指挥炮手 3 按照规划的行军路线开进,具体内容见 9.2.2 节。

9.3.6 发射阵地准备与发射流程

发射阵地准备和发射流程如图 9-4 所示。

1.占领炮位

炮长指挥或引导火箭炮进入事先侦察或临时指定的炮位,从监视器上校对车头方向和炮床的纵横倾角度是否符合要求,如果车头方向基本对向基准射向,纵横倾角小于 3°,符合要求,则占领炮位完成。如果不符合要求,则要撤出火炮重新占领。

2.整理阵地

炮位占领完成后,炮长立即组织炮手整理阵地,炮长全面检查,确认没有问题,令各炮手收拾好器材工具并各就各位后,炮手 3 接通取力器,加大油门并稳定在所需转速,使发电机供电。炮手 1 待电压输出稳定后,打开电源开关操作火控计算机自动放列。

3.发射阵地准备

发射阵地准备主要进行发射前弹上参数装定等操作,具体操作见 9.2.3 发射阵地准备内容。

4.发射

发射阵地准备结束后,炮长按照接收到的发射命令或射击口令执行发射操作。具体操作见 9.2.4 发射操作内容。

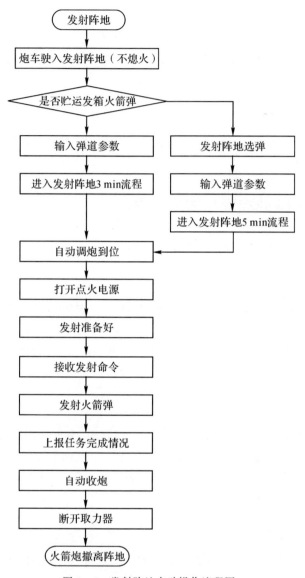

图 9-4　发射阵地自动操作流程图

9.3.7　转移和撤出

发射完毕或接到撤出(转移)阵地的命令,炮长立即下达收炮口令。各炮手配合完成转移和撤出操作。具体操作见 9.2.5 转移和撤出内容。

参考文献

[1] 韩珺礼,樊水康,马幸.野战火箭火指控技术[M].北京:国防工业出版社,2015.

[2] 魏云升,郭治,王校会.火力与指挥控制[M].北京:北京理工大学出版社,2003.

[3] 樊水康,王建国,贾立新,等.现代陆装武器火控系统发展及展望[J].火力与指挥控制,2019,44(1):1-5.

[4] 马新谋,樊水康.火力控制技术基础[M].北京:北京理工大学出版社,2018.

[5] 李相民,孙瑾,谢晓方,等.火力控制原理[M].北京:国防工业出版社,2007.

[6] 郭治.现代火力控制理论[M].北京:国防工业出版社,1996.

[7] 韩珺礼,王雪松,刘生海.野战火箭武器概论[M].北京:国防工业出版社,2015.

[8] 康锐,石荣德,肖波平,等.RMS型号可靠性维修性保障性技术规范:第1册[M].北京:国防工业出版社,2010.

[9] 刘佳,樊水康,郭会兵,等.一种火箭弹发射电路设计[J].火力与指挥控制,2014,39(增刊1):131-133.

[10] 杨芙清,梅宏.构件化软件设计与实现[M].北京:清华大学出版社,2008.

[11] 魏浩瀚,沈飞,桑文刚,等.北斗卫星导航系统原理与应用[M].南京:东南大学出版社,2020.

[12] SHNEIDERMAN B.用户界面设计:有效的人机交互策略:第六版[M].郎大鹏,刘海波,马春光,等译.北京:电子工业出版社,2017.

[13] 薄煜明,郭治,钱龙军,等. 现代火控理论与应用基础[M]. 北京:科学出版社,2012.

[14] 郭锡福,赵子华. 火控弹道模型理论及应用[M]. 北京:国防工业出版社,1997.

[15] 韩珺礼.野战火箭武器系统精度分析[M].北京:国防工业出版社,2015.

[16] 李正军.现场总线与工业以太网及其应用系统设计[M].北京:清华大学出版社,2008.

[17] 谢希仁.计算机网络[M].8版.北京:电子工业出版社,2021.

[18] 牛跃听,周立功,方舟,等.CAN总线嵌入式开发:从入门到实战[M].北京:北京航空航天大学出版社,2012.

[19] 李良巧,徐耀华,董少峰,等. 兵器可靠性技术与管理[M]. 北京:兵器工业出版社,1991.

[20] 郭志强,李富元.军贸合成指挥信息系统工程理论与实践[M].北京:兵器工业出版社,2018.

[21] 毛宁,刘艳华,马丽媛.陆军武器火控系统的发展趋势[J].火力与指挥控制,2016,41(8):8-10.

[22] 陈明俊,李长红,杨燕. 武器伺服系统工程实践[M]. 北京:国防工业出版社,2013.

[23] 周启煌,侯朝桢,陈正捷,等. 陆战平台电子信息系统[M]. 北京:国防工业出版社,2006.

[24] 王欣,张毅.UML系统建模及系统分析与设计[M].北京:中国水利水电出版社,2013.